タマゴの科学

—奇形発生の仕組み—

寺木良巳 著

$$H_2C \text{——} CH_2$$

HC   CH₂

N

N—CH₃

Nicotin

考古堂

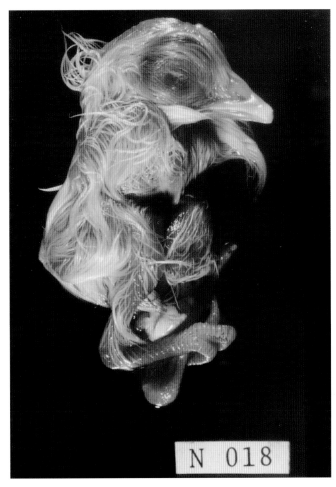

ニコチン奇形（18日胚）

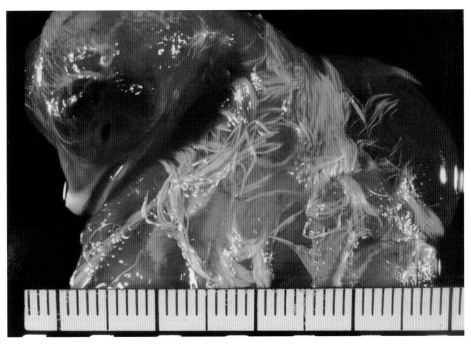

セロトニン水腫（18日胚）

はじめに

　1960 年、米国から帰国後、学位取得のため医局を訪れた所、数種の薬物を用いて鶏胚子奇形に関する実験が行われていた。当時は、"ニコチン水症"なるものが見出され、その原因解明の研究が行われていた。また、当時、サリドマイドによるアザラシ肢状奇形症が見られ、睡眠剤として使用は禁止され、催奇形性薬物と認定された。現在、抗悪性腫瘍薬として用いられているが、生体内における代謝は実に複雑で変化にとみ、追跡困難と聴く。

　たばこの主成分はニコチンと言われている、他にも 3 種の成分が知られている。ニコチンを用いて鶏胚における奇形性実験を行ったところ、ニコチン水症の他にも、外形、内臓のほか骨格の異常もみいだされた。　ニコチンの用量増加は中毒作用へ移行し、発育不良、死亡卵の増加となって現われる。

　一方、1950 年頃に見出されたセロトニン、プロスタグランジンなどのオータコイドは局所ホルモンと呼ばれているが、微量で著明な生理活性物質である。マウス、ラット等に催奇形作用を持つことが知られている。平滑筋に対する作用が著明で、特に血管平滑筋、子宮平滑筋に対する作用は著明である。生体の維持に重要な役割を果たしているこの局所ホルモンが、条件によっては、逆に有害な病因物質となり、催奇形物質となる。何故だろうか、この疑問をもち、奇形発生の仕組みを明らかにしようと試み、実験を行った。実験には鶏卵を用いた。奇形のスクリーニングに最適と思われるからである。

　ニコチンに端を発した鶏胚奇形の実験はオータコイドの出現により内因性物質でも過剰な場合には催奇形性作用を持つことが見いだされた。催奇形作用の本質は薬物の血管平滑筋に対する収縮作用に帰することが推測される。

　ヒトは子宮の中で、卵は卵殻の中で胚子期を過ごす閉ざされた環境にある。ヒトの発生は267 日で、タマゴは 20 〜 21 日と短期間である。ごく僅かな日数でこの驚異的な変化をわれわれに示してくれる。お化けも出てくる。親しみやすいタマゴの科学としてご愛読いただければ幸いである。

2022 年秋　　　　著者

目　次

第Ⅳ編　実験的奇形

第Ⅰ編　鶏胚発生・胚葉の分化

1. 鶏胚子発育期間

ヒトの発生は受精から出生まで 267 日に比し、ニワトリでは孵化までに 20‑21 日と短い。従って発生の初期段階で胚盤の分化ならびに器官形成の初期段階をニワトリ胚で観察することが出来る。奇形の種差の問題はあるが、薬物に対する実験動物としてのニワトリ胚を用いる意義は大きい。先天奇形の環境因子を考え、今回、鶏胚にて実験を行った。

胚子発育期間の比較

器官 ＼ 指令	ヒ　ト	ニワトリ
全妊娠期間　　（日）	267	20 −21
胚胞（Blastula）	4 − 6	
着　床	6 − 7	
原始線条	16 −18	0.25 −0.75
神経板	18 −20	1
体節 (1)	20 −21	1
鰓弓 (1)	20	1.5
心搏動開始	22	1.5
前　腎	22	1.5
口咽頭膜開裂	24	2.75
前部神経孔閉鎖	24 −25	2.3
中　腎	25	1.75
耳胞閉鎖	25	2.3
体節（10）	25 −26	1.5
第3鰓弓	26	2.3
中腎管は総排泄腔へ	26	3
甲状腺出現	27	1.8

鶏胚ステージと体節

ステージ	体節数（対）	孵卵時間
7	1	23〜26
8	4	26〜29
9	7	29〜33
10	10	33〜38
11	13	40〜45
12	16	45〜49
13	19	48〜52
14	22	50〜53
15	24〜27	50〜55
16	26〜28	51〜56
17	29〜32	52〜64
18	30〜36	65〜69
19	37〜40	68〜72
20	40〜43	70〜72
21	43〜44	$3_{1/2}$ 日

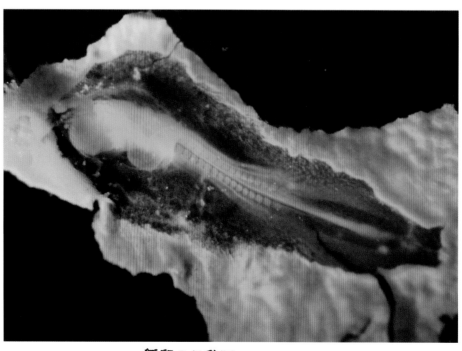

孵卵 2 日鶏胚

2. 鶏胚子発生

　鶏胚子の発生は受精卵より始まる。孵化までの期間は 20-21 日でヒト 267 日に比し、短い。受精卵の孵卵前は図のごとく胚盤は卵黄の表面にあり、卵黄膜によって囲まれている。卵白のアルブミンは胚の発生に水分の供給源として重要で 56% を占めている。卵黄は卵の細胞質内に存在する貯蔵物質で胚の栄養源となる。卵の 32% を占める。

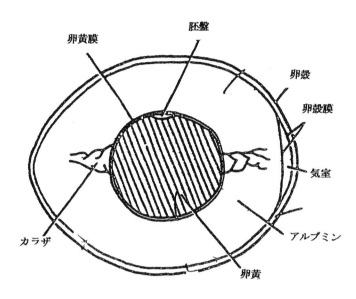

鶏卵の構造

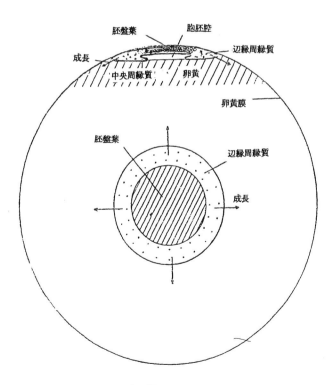

早期の胚盤葉

胚盤葉 blastoderm

　幼弱胚の薄い円盤状細胞塊と卵黄表面を包む胚体外延長、完全に形成された場合には、3 種の一次胚葉（内胚要、外胚葉、中胚葉）がすべて存在する。

3. ステージ4 （18～19 時間）
4. ステージ5 （19～22 時間）

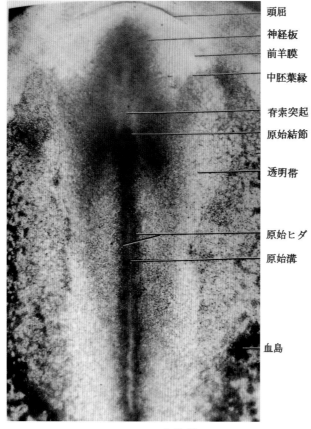

頭屈
神経板
前羊膜
中胚葉縁

脊索突起
原始結節

透明帯

原始ヒダ
原始溝

血島

Figure 53　鶏胚ステージ5　全体像

胚盤の外胚葉背面の正中線に沿った表面に原始線条 primitive streake と呼ばれる1本の溝が出現する。此の原始線条の頭方端には細胞の原始結節 premitive knot が現れる。此の結節からは脊索突起 notochordal process を形成する細胞が発生する (Figure [1])。

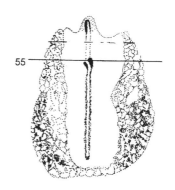

55

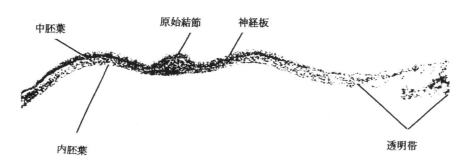

中胚葉　　　　　原始結節　　　神経板

内胚葉　　　　　　　　　　　　　透明帯

Figure 55　　ステージ5　　横断図 （75X）

1 ）MATHEWSW W. : ATLAS OF DESSCRIPTIVE EMBRYOLOGY MACMILLAN 1972

5. 孵卵1日胚 (ニコチン負荷卵)

ステージ5 (孵卵 (19—22 時間)

この段階では最外層の外胚葉から神経板が形成される。次いで神経板が、その中心軸沿いに湾曲して溝を形成し (神経溝) この溝の両側の隆起縁により神経ヒダが形成される。

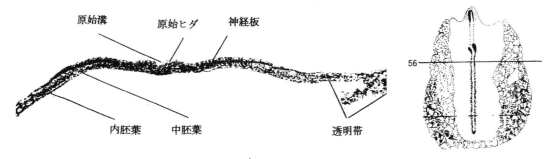

原始溝　　原始ヒダ　　神経板

56

内胚葉　　中胚葉　　透明帯

Figure 56 (ステージ5　　横断図 (75X)

孵卵第1日 (孵卵 18～24 時間)、(推定実験時間内)

第1体節より頭側における横断図

a. 対照卵　蒸水 0.1ml/卵　　　b. ニコチン 3mg/卵

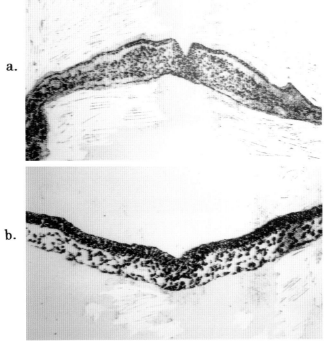

a.

b.

孵卵1日胚においては、神経板、神経溝、外胚葉、中胚葉、内胚葉の形成に両者の差異はみられない。

6. ステージ8 (26〜29 時間)

前神経孔

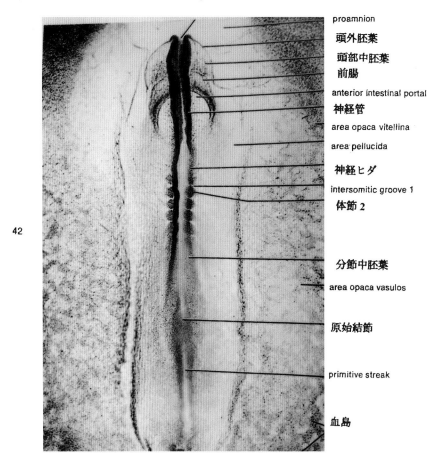

- proamnion
- 頭外胚葉
- 頭部中胚葉
- 前腸
- anterior intestinal portal
- 神経管
- area opaca vitellina
- area pellucida
- 神経ヒダ
- intersomitic groove 1
- 体節 2
- 分節中胚葉
- area opaca vasulos
- 原始結節
- primitive streak
- 血島

42

Figure 58 全体像 (40X)

ステージ8では体節は4対となる。脊索 背側の外胚葉が厚みを増す。次いで神経板がその中心軸沿えに湾曲して溝を形成し、この溝の両側の隆起縁によって神経ヒダ neural fold が形成され、これらの神経ヒダ は、中心線上で互いに徐々に接近して、ついには癒合する。これら神経ヒダの癒合により神経管 neural tube が形成される。

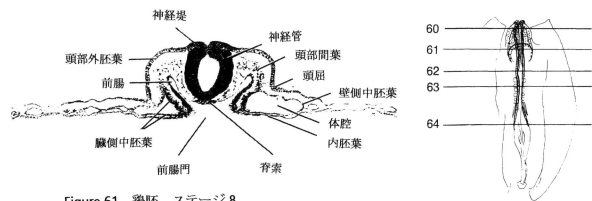

- 神経堤
- 神経管
- 頭部外胚葉
- 頭部間葉
- 前腸
- 頭屈
- 壁側中胚葉
- 体腔
- 臓側中胚葉
- 内胚葉
- 前腸門
- 脊索

60
61
62
63
64

Figure 61　鶏胚、ステージ8
　　　　　前腸門位置における横断面 (75X)

7. 孵卵2日胚（ニコチン負荷卵）

胚葉の分化に及ぼすニコチンの影響

　孵卵1日目に3胚葉が出現する。神経ヒダ neural fold が隆起して神経溝が深まると左右の神経ヒダが、中央に傾き、中央と融着して神経管 neural tube がつくられる。神経管の壁は神経板からできているので、周囲の外胚葉よりもはるかに厚い。対照とニコチン負荷卵とでは三胚葉の出現に特に変化は見られない。

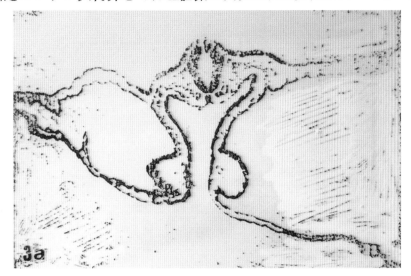

3a. 対照:蒸水 0.1ml 負荷卵

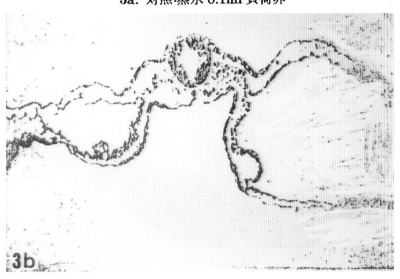

3ｂ ニコチン mg/卵　負荷卵

　孵卵2日胚において神経管、壁側中胚葉、臓側中胚葉など胚葉の分化が両者にみられる。形成の遅延などニコチン負荷卵においても、とくに観察されない。

8．ステージ 15（50〜55 時間）

孵卵 3 日胚、ステージ 15 では体節が 26 から 28 になる。体節から分化した筋板の細胞は筋原線維を作り、これらは腹外側壁で壁側中胚葉層が体壁を形成することになる。Figure 88 の外側体ヒダ（lateral body fold）は翼と脚の間に見られる。体節 17〜20 番目の位置にある。ステージ 17（52〜64 時間、体節 29〜32）になると外側体ヒダは腹部に伸長してきて胴体部を全周することになる。すなわち、腸管からの伸長と癒合して躯幹体壁を形成するこになる。

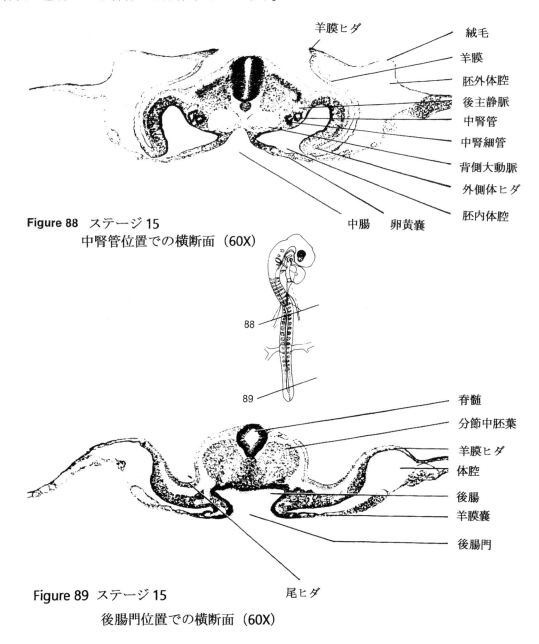

羊膜ヒダ　　　絨毛
羊膜
胚外体腔
後主静脈
中腎管
中腎細管
背側大動脈
外側体ヒダ
胚内体腔
中腸　　卵黄嚢

Figure 88 ステージ 15
中腎管位置での横断面（60X）

88

89

脊髄
分節中胚葉
羊膜ヒダ
体腔
後腸
羊膜嚢
後腸門

Figure 89 ステージ 15
尾ヒダ
後腸門位置での横断面（60X）

9. 孵卵3日胚（ニコチン負荷卵）

3. 孵卵3日目にみられる変化

　胚体内部の中胚葉は，頭部の中では間充織の形をとっており、これは脊索前板、脊索の両側にある沿軸中胚葉 paraximal mesoderm に由来したものである。

　沿軸中胚葉では細胞が急速に増殖して層を作り、やがてこれから中胚葉節 mesodermal somite または体節 somite が分化する。中胚葉の最も重要な要素は体節で構成され、それから筋板（筋組織）、椎板（軟骨と骨）および皮板（皮下組織という、すべての体の支持組織が生じる。

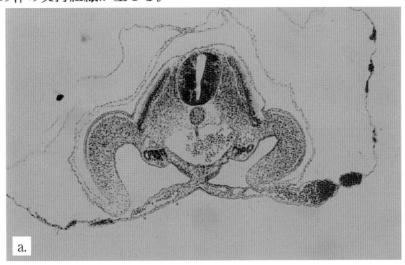

a. 対照卵　蒸留水 0.1ml/卵

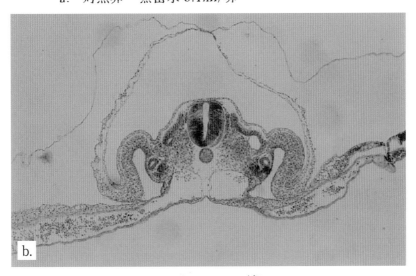

b. ニコチン負荷卵　3mg/卵

図2. 3日胚　体節第12番目の位置での横断図

　上図を比較すると3日胚体の面積は、対照の1に対し、0.72でニコチンの発育遅延がみられる。

10. ステージ18（65~69時間）[1]

ステージ18（65 － 69時間、体節30 － 36）Figure 106での位置での横断面ではlateral body foldの腹部での囲みはみられない。 しかし同じステージのFigure 107においては明らかに腹部の囲みがみられる。

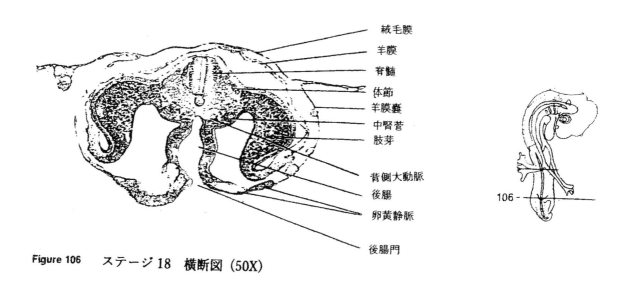

Figure 106　ステージ18　横断図（50X）

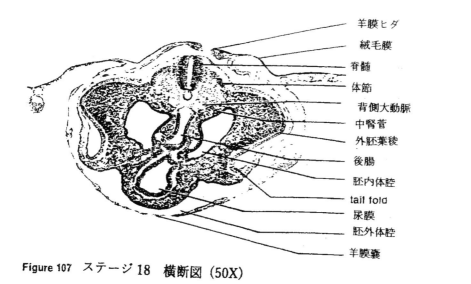

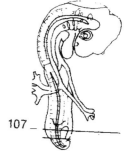

Figure 107　ステージ18　横断図（50X）

1）前出

11. 孵卵4日胚（ニコチン負荷卵）

孵卵4日胚では腹壁形成に重要な壁側中胚葉のヒダの発育がよく發達している。皮板、筋板、椎板の体節もよく充実している。なお、4日の対照胚は3日胚よりも10%以上も増加がみられる。これに対し、ニコチン負荷胚では、体節の充実、形成はみられず、体面積も3日胚よりも後退し、発育の遅滞がみられる。

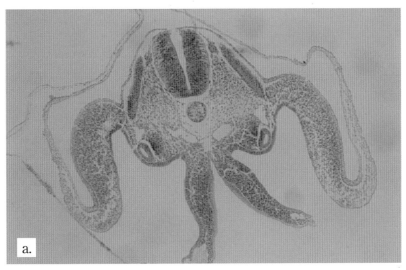

a. 対照卵　蒸留水 0.1ml/卵

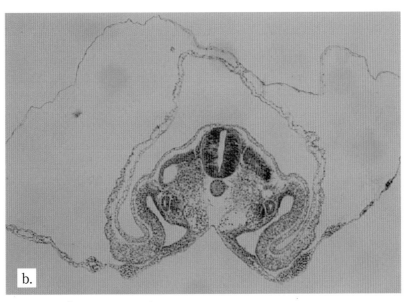

b. ニコチン負荷卵　3mg/卵

4日胚　体節第25番目の位置での横断図

上図を比較すると4日胚体の面積は対照の1に対し、
0.57でニコチンのさらなる発育遅延がみられる。

12. 孵卵4日胚横断図

　孵卵4日胚、体節25番目における横断図を示す。上段は対照胚で神経管、体節、壁側中胚葉、臓側中胚葉など間質細胞は充実している。下段のニコチン3mg/卵では胚子全体像が矮小で、3日胚とほとんど変わりがなく、発育が遅れていることを示している。間質細胞に空虚がみられる。

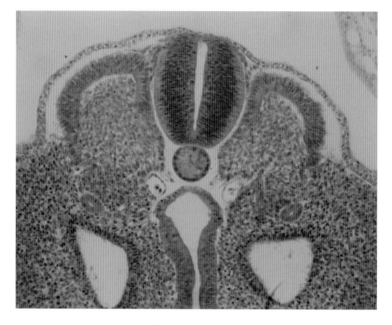

A. 対照卵

　　蒸留水 0.1ml/卵

対照4日
胚体面積　53500mm

ニコチン負荷4日胚
胚体面積　33100mm

B. ニコチン 3mg/卵

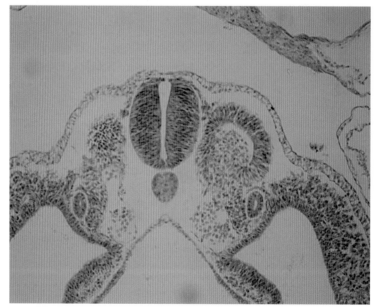

　本論文について、査読者より次の様なコメントを頂いた。

　"Text では 4day old となっているが、一見して Fig 4（3日胚）3—day-old のより若い状態で、明らかに発生段階を誤っている。

　　　ニコチン負荷卵では明らかに発育遅延がみられる。これは後述の角尾教室の成績でも知られている。

13. 胚葉から分化する組織および器官

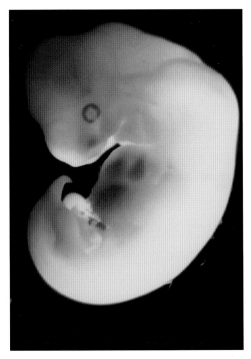

ヒト胚子・44日令

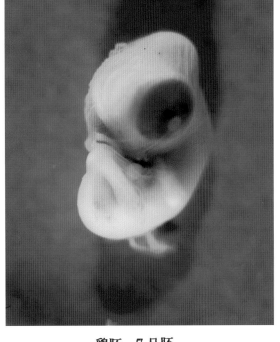

鶏胚　7日胚

ヒトの発生

2層性胚盤（発生第2週）

3層性胚盤（発生第3週）

胚子期（発生第4週から第8週まで）

鶏胚の発生

3層性胚盤（9体節胚、1.5日）

器官形成（3.5日）

外胚葉
• 神経系
• 眼，耳，鼻の感覚上皮
• 毛，爪の表皮
• 乳腺および皮膚腺
• 副鼻腔，口腔，鼻腔，口内腺の上皮
• 歯のエナメル質

中胚葉
• 筋肉
• 結合組織誘導体：骨，軟骨，血液，象牙質，歯髄，セメント質，歯根膜

内胚葉
• 胃腸管および付属腺の上皮

胚葉から分化する組織および器官

前頁の様に薬物投与により分化に障害が起こると、感受性の時期により、発育不良、奇形発生、死亡率の増加等がみられることなると考えられる。

第Ⅱ編　鶏胚呼吸
1．卵殻と胎盤

　受精したタマゴのガス交換における特徴の一つは、卵殻が存在することである。卵殻は
胚を環境から保護すると同時に物理的な隔壁となっているので、胚は卵殻を介して大気に
直接さらされている。従って、ガス交換は卵殻の内側に存在する交換膜と大気との間で行
われるので、O_2摂取量、CO_2排泄量などの呼吸ガスの測定が容易である。ガス交換は拡散
と血液によって行われるから、呼吸様式の点から言えば、哺乳動物の胎盤で行われるガス
交換において母体が完全に孵卵器に代替えされた状態にあって、胎盤の一種の簡素化され
たモデルと考えられる。

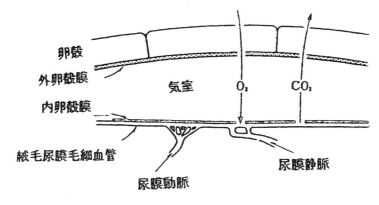

鶏胚におけるガス交換[2]

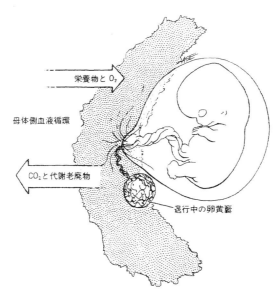

ヒトの胎盤と物質交換[3]

2）Teraki .Y. Miyasaka .M.Horisaka.:Effects of prostaglandin,5-hydroxytryptamine　and polyprptide on circulation
and uterine contraction in rodents.Japanese Jounal of Pharmacology Suppl.23:119.1973.

　3）寺木良巳。相山誉夫　共訳：Avery 口腔組織・発生学 1991年　医歯薬出版‐

2. 卵殻の構造

　卵を覆う卵膜のうち最外側の卵膜を卵殻という。その内面に付着する薄膜で、卵白外面を覆うが、卵殻、卵白とともに三次卵膜。卵の鈍端では二枚に分かれていて。その間は気室となる。孵卵によるガス交換の機能は気孔によって行われる。

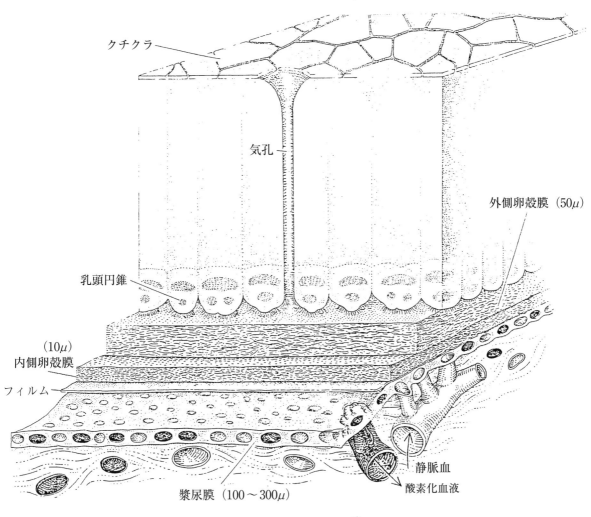

卵膜の構造と断面図 [4]

　鶏卵殻は3つの要素からなり、内側の乳様球から外方へ向かって錐状層、さらに外方に棚状層があり、卵殻表面はクチクラで覆われている。卵殻の形成は輸卵管子宮部で行われるが、最初の段階でまず球塊が形成される。これは有機質を核として炭酸カルシュウムよりなる、あられ石の針状結晶が方線状に配列したもので乳様球とよばれる。さらに石灰化して錐状層が形成されるが

4) Wangensteen, O.D. : Gas exchange by a bird's embryo. Respir. Physiol.,14: 64－74,1972.

、板状ないし斜方六面体の結晶よりなる。さらに方解石の結晶は融合して棚状層を形成するが、これは矢苔模様の大きな結晶よりなっている。炭酸カルシュウムを成分としている。卵殻の厚さはおよそ 300μ といわれるが、その断面像ではジグザグに組み合わさっている卵殻の全体にわたって散在する孔 pore があり、これは卵殻膜から棚状の間を通って卵殻の表面にまで達している。これは胚が待機より酸素を取り入れ、内部より二酸化炭素を排泄するために用いられる。

3. 卵殻の微細構造

鶏卵殻断面像（ふ卵 13 日目）

無数の気孔と深層に拡張した漿尿膜がみられる。

4．孵卵による卵殻の変化

孵卵により卵殻よりカルシュウムが吸収されると考えられているが、卵殻から吸収されるのは方解石の棚状部と思われ、偏光顕微鏡でもこの部位における脱炭酸カルシュウムの像が観察された。また卵殻の外層と錐状層に高度の石灰化像が観察された。

a.孵卵前

卵殻　300 μ

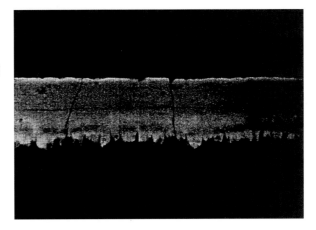

b.孵卵 14 日

c. 孵化後

5．絨毛尿膜とガス交換

　　漿尿膜は胚の成長に伴って大きく広がり、孵卵半ばには胚をすべて被い、卵殻内面一体に接するようになる（図1.）拡大図はその断面図であり、電子顕微鏡の写真である（図2）。漿尿膜は厚さが 100～300μ 程度で比較的太い前毛細血管を含む部分は厚くなっている。毛細血管床は漿尿膜の外面に卵殻内膜に接して位置し、平たく楕円形をした血球は膜に平行に漿尿膜動脈から静脈へ流れ、その際にガス交換が行われる。

図1．絨毛尿膜　　　　　　　　　　　図2．絨毛尿膜

深層　孵卵 13 日

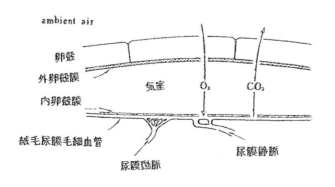

ガス交換

6. 絨毛尿膜の組織

　鶏卵5日目になると、漿膜と尿膜が接触して、相互の中胚葉組織が融着することによって漿尿膜 chorio-allantois が形成される。この接触は、最初は卵の中央部で起こるが、次第に周囲に広がってゆくこの様にして形成された漿尿膜の外胚葉は、2〜4細胞層からなる上皮組織であるが、間充織中に分布している毛細血管網は、次第に 上皮組織の細胞間に侵入して、その中に非常にち密な毛細血管網を作る。この膜が呼吸膜として用いられる。

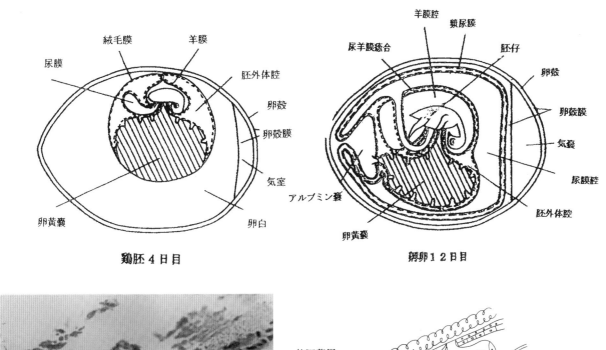

鶏胚4日目　　　　　　　　　　孵卵12日目

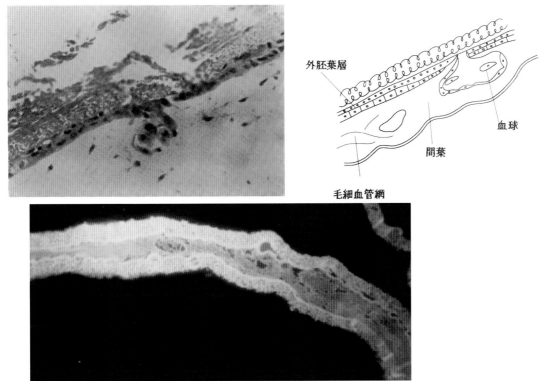

絨毛尿膜の断面

8）Teraki Y . .Meaning of intra-air sac administration of drugs in the process of chick embryo
growth . Experiment by means of RI. St. Marianna Med.J. 6:49-56,978.

7. 鶏胚血液 [5]

鶏胚子にニコチンを投与することにより各種の奇形、著明な発育障害、高度の死亡率が
みられることからその原因を探るべく血液ガスについて検討した。

1. 血液所見

孵卵 10 日目より血中ヘモグロビン、ヘマトクリット、赤血球を測定した。Hb 濃度、
Hct 値　RBC の各濃度は表1，図2の通り日齢とともに増加がみられた。

Table 1　Hematologic data for embryonated hen eggs at days 10-18 of incubation

Incubation days	No. of eggs	Treatment					
		Control (Aq.)			Nicotine (N3)		
		RBC 10⁶/mm³	Hgb gm%	Hct %	RBC 10⁶/mm³	Hgb gm%	Hct %
10.0	33	1.16±0.17	7.77±0.72	17.53±1.88	0.68±0.12	3.97±1.06	11.22±1.98
11.0	21	1.19±0.18	7.57±1.10	17.87±3.91	0.84±0.24	5.10±1.23	14.0±1.15
12.0	26	1.28±0.10	8.43±1.06	18.87±1.42	1.15±0.14	6.50±1.08	16.35±2.87
13.0	32	1.49±0.15	9.57±1.33	21.37±2.03	1.19±0.11	7.27±0.97	17.43±1.63
14.0	30	2.05±0.10	13.35±0.78	29.35±0.49	1.66±0.16	9.60±1.29	22.26±3.83
15.0	28	2.30±0.03	15.00±0.35	33.70±1.99	1.77±0.31	10.60±2.48	23.96±6.01
18.0	30	2.54±0.16	16.90±0.99	36.88±1.43	2.60±0.29	16.75±2.16	36.0±4.69

Mean±S. D.

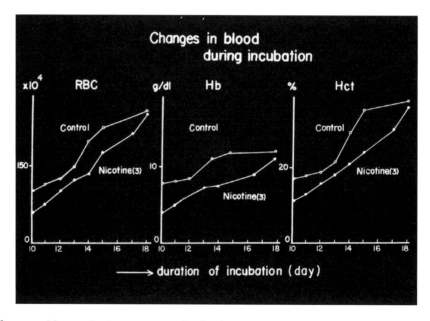

Fig. 2　Changes of hematologic parameters in the developing chick embryo.

以上の結果より有精鶏卵にニコチン0.1，1.0、3.0mg/卵を投与したところ、鶏胚血液は
孵卵日数とともに増加するがニコチン投与群では何れも孵卵中期、後期ともに対照群より
低値を示した。

5)　Teraki Y, and　Nagumo K.,　Respiration of the development chick embryo in Nicotine
　　·treated hen egg　St. Marianna Med. J.1979. 7: 325~334

8. 血液ガス[5]

1. 血液 P_{O_2}

尿膜静脈より採集した動脈化血及び尿膜動脈の混合静脈血の P_{O_2} は孵卵日数の経過とともに著しく減少傾向を示す（図 1）。測定は孵卵 11 日から 15 日まで、さらに 18 日目での P_{O_2} を測定した結果は図 1 に示す様に、18 日目には、動脈化血は P_{O_2} は 60 mmHg 以下になり、減少の傾向は卵殻の中で胚呼吸が始まるまで続き、鶏胚は著しい hypoxia に陥る。この状態は肺呼吸が開始され、続いて pipping が行われることによって解放される。

2. 血液 P_{CO_2}

P_{O_2} と同様に P_{CO_2} を孵卵 11 日から 18 日目までを測定すると図 1 の様な結果が得られた。すなわち、11 日目の P_{CO_2} は 15 mmHg で、P_{O_2} の減少とは逆に徐々に増加し、孵卵 18 日目においては 40mmHg と著しく増加がみられた。

図 1. Blood P_{O_2}, P_{CO_2} and pH changes during incubation.

Incubation days	No. of eggs	Treatment					
		P_{O_2} mmHg		P_{CO_2} mmHg		pH	
		Aq.	N3	Aq.	N3	Aq.	N3
11.0	12	87.00±4.00		12.12±1.61		7.64±0.02	
	13		79.10±8.50		10.00±1.51		7.57±0.04
12.0	19	82.44±5.19		13.72±1.00		7.62±0.04	
	15		77.80±4.03		12.86±1.22		7.56±0.05
13.0	21	78.95±2.70		17.07±2.47		7.58±0.01	
	15		77.23±2.16		14.13±2.52		7.55±0.04
14.0	19	70.68±4.22		24.16±3.20		7.53±0.07	
	13		73.24±5.75		20.06±3.71		7.54±0.03
15.0	28	62.74±8.44		26.30±3.43		7.52±0.04	
	19		69.58±6.74		21.01±4.08		7.54±0.02
18.0	20	56.35±4.53		39.39±7.66		7.43±0.04	
	16		58.19±7.44		33.46±3.98		7.45±0.03

Mean±S.D

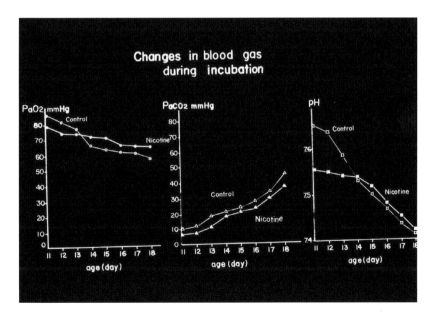

結果　孵卵日数とともに P_{O_2} の低下、P_{CO_2} の上昇、pH の減少がそれぞれ、みられるが、分けてもニコチン 3mg/卵　負荷群にては、対照に比し、それぞれ抑制の度合が強く、発育の遅れがみられた。

9. 酸・塩基平衡[5)

尿膜静脈より採取した動脈化血の P_{O_2} は孵卵日数の経過とともに減少し、胚は hypoxia の状態に陥ってゆく。一方、同一血液の P_{CO_2} は 11 日目で 10mmHg 程度を示し、孵卵 18 日では 35mmHg に増加する。これに伴い pH も 7.64 から 7.43 へと日齢変化を示す。鶏胚血の酸・塩基状態は明らかに成長に伴なって変化し、日齢の経過とともに左上方へ移動しいてゆく。Base excess を求めると－9.52 から+1.15 へ漸次増加している。これより孵卵期の中頃までは呼吸性アルカローージスが著しく、それに代謝性アシドージスを伴なった状態にあり、更に成長するにつれて僅かに呼吸性アシドージスになる傾向にある。

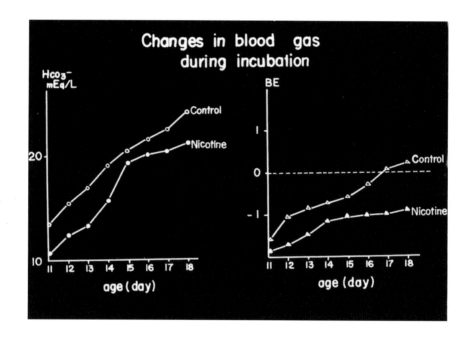

孵卵 20〜21 日になると卵殻を破って孵化が行われる。孵化するためには卵殻を破らなければならない。いわゆる pecking によって破殻される。 pecking に到るまでの孵卵内の環境について血液ガスより検討した。

鶏胚血のの酸塩基経経平衡は鶏胚の成長にともない変化する。すなわち、孵卵日数とともに P_{O_2} の低下、P_{CO_2} の上昇、pH の減少がみられ、孵卵末期に高度のアノキシアになり、piping が準備される。これに対し、ニコチン負荷群においては成長に伴う血液ガスの不均衡が孵卵中期においてみられた。

10. 孵化はなぜ起こる。

孵卵20〜21日になると卵殻を破って孵化が行われる。孵化するためには卵殻を破らなけれ
ばならない。いわゆる pecking によって破殻される。

　下図の左はニコチン 3 mg/卵20胚で死亡はしていないが、嘴が
埋没しているため、嘴でのパイピングが不可能のため、孵化し
得ないか。あるいは無力のため、アシドージスにありながら孵
化できないと思われる。

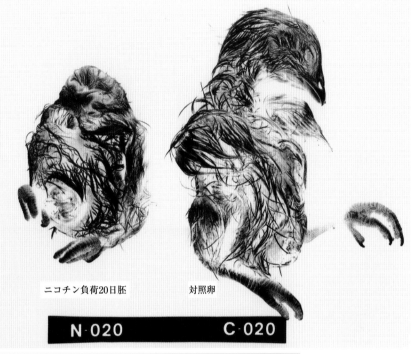

ニコチン負荷20日胚　　　　対照卵

N·020　　　　C·020

下図左はニコチン投与群 169
個の全例孵化できない 21 日
の卵で、右の孵化卵と対照的である。

5).Teraki ,Y. :Respiration of the devrloping chick embryo in Nicotine treated hen eggs
St. Marianna Medical Journal 7: 325- 334. 1979

第Ⅲ編　胎膜の形成
1．羊膜の形成

　羊膜は胚体を完全に包んでいる嚢状の嚢であって、嚢の中には羊水 amniotic fluid を満たしており、これによって、乾燥や温度の急変、機械的衝撃から胚体を守っている。膜は薄くて弾力性があり、膜には平滑筋が分化していて、その収縮によって、やや不規則ではあるが律動的な運動をする。神経支配を持たない羊膜平滑筋が孵卵の如何なる時期に出現し退化がみられるかを検討した。

　羊膜は胚体外の体壁葉に由来し、外胚葉が内側に、中胚葉が外側に配置されている。中胚葉組織から平滑筋細胞が分化し、その筋によって羊膜特有の収縮運動が行われると考えられる。羊膜平滑筋の出現は 10 日胚までは光顕では明らかでなかったが。孵卵 11 日胚から 18 日胚では観察された（写真 1 ～ 4 ））。電顕の観察ではすでに孵卵 7 日胚でも認められた。孵卵 10 日胚では平滑筋細胞としての形態をなしており　筋繊維も豊富にみられた。gap junction,desmosome, surface vesicle なども観察された（写真 5 ）。孵卵 16 日胚では筋フィラメントの減少、核の萎縮、繊維芽細胞の増加など退化傾向にあることが観察された。

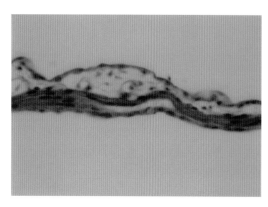

11 日胚

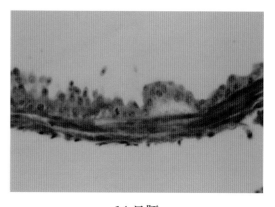

14 日胚

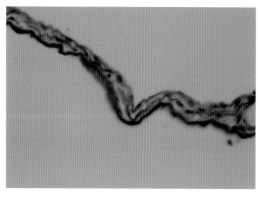

16 日胚

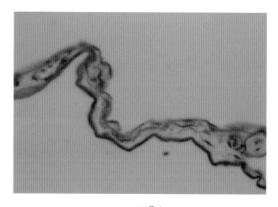

18 日胚

羊膜　写真 1 ～ 4

2．羊膜の微細構造

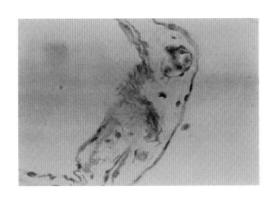

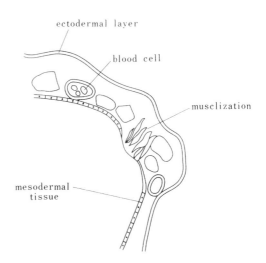

ectodermal layer

blood cell

musclization

mesodermal tissue

Histological structure of amnion

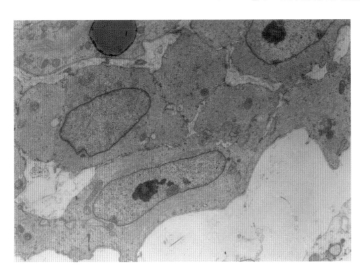

写真5

孵卵 10 日胚　羊膜像（x3,500）
筋細胞が密に配列し、核小体が
明瞭に認められる。

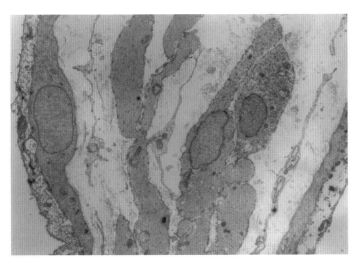

写真6

孵卵 16 日胚　羊膜像（x 2500 ）
筋フィラメントの減少、核も委
縮し、不規則性、繊維芽細胞の
増加がみられる。

6）寺木良巳、前村寛満。；鶏胚羊膜平滑筋の分化と退化　日本平滑筋誌　23（5）1987.432—434

3．羊水、血液の化学的組成 [7]

羊水は胚の生活環境を表す。特にニコチン負荷により、発育中の胚子血液と羊水にどの様な変化がみられるかを化学の面から検討した。

1）羊水蛋白は孵卵9日には、羊水中には少ないが孵卵15日には最高の値を示し、後減少した。ニコチン群は対照に比し低値であった。一方、漿尿膜血は羊水蛋白より少ないが、孵卵15日に最高に達した。しかしニコチン負荷群では対照に比し低値にあった。

2）羊水中のクレアチニンの高値は、胎児尿に拠るものと考えられ、孵卵18日の血液の上昇は胚子腎機能の成熟を反映するものと考えられる。

3）非蛋白窒素化合物である尿素窒素などは、孵卵日数と共に増加しているのがみられた。

Table 3　Total protein, urea nitrogen and creatinine concentrations in the amniotic fluid of embryonated hen eggs.

Incubation period Days	No. of samples	Total protein g/dl		Urea nitrogen mg/dl		Creatinine mg/dl	
		Aq.	N.	aq.	n.	Aq.	N.
9	20	0.1±0.04	0.4±0.1	1.8±0.1	1.9±0.4	*	0.1↓
12	18	1.1±0.9	4.1±1.8	9.3±4.4	12.4±5.2	0.3±0.2	0.4±0.3
15	17	15.5±3.0	12.3±0.4	0.3±0.1	0.8±0.4	1.7±0.3	1.8±0.4
18	15	11.8±1.6	11.2±0.6	2.7±1.0	3.0±1.0	1.6±0.2	1.7±0.04

Mean±S. D.　　*　Not detected

Table 4　Serum total protein, urea nitrogen and creatinine concentrations of embryonated hen eggs.

Incubation period Days	No. of samples	Total protein g/dl		Urea nitrogen mg/dl		Creatinine mg/dl	
		Aq.	N.	Aq.	N.	Aq.	N.
11	16	1.2±0.04	0.5±0.2	1.7±0.4	0.8±0.7	0.2±0.07	0.1±0.04
12	15	1.4±0.6	1.3±0.2	3.9±1.1	2.0±1.4	0.4±0.1	0.3±0.16
13	13	1.8±0.1	1.5±0.3	3.2±0.1	2.6±0.8	0.3±0.08	0.3±0.05
14	15	2.9±0.2	2.2±0.3	4.6±0.3	4.4±0.6	0.4±0.04	0.3±0.04
15	16	3.0±0.5	2.1±0.7	4.0±1.8	4.2±1.4	0.6±0.1	0.8±0.3
18	12	1.5±0.4	1.4±0.04	6.9±0.6	8.8±1.9	2.1±0.2	1.0±0.3

Mean±S. D.

7) Teraki Y.: Protein and nitrogen metabolism in blood and allantoic and amniotic fluids of chick embryos in Nicotine injected hen eggs St. Marianna Med. J. 1980. 8: 1-14

4. 羊水、尿のう水の消長 [7]

　羊水、尿のう水は孵卵7日目から採取され、羊膜上皮の発達とともに増加し、孵卵12日目に最高に達し、後、消褪し18日目には、ほぼ半減した。ニコチン群では羊水量は12日目で最高になり、後、下降したが、対照群より低値を示した。

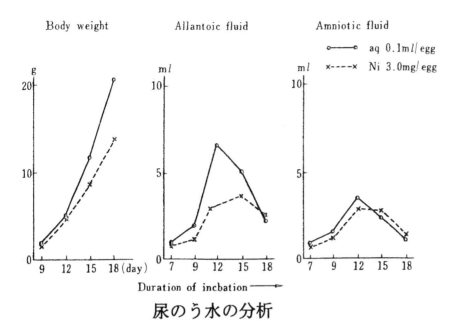

尿のう水の分析

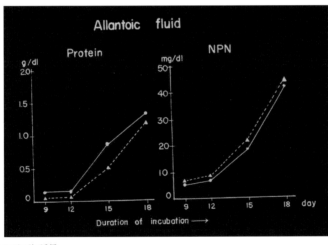

羊水の電気泳動所見

　孵卵15日より観察され、18日目も同様に観察されたが、泳動パターンは対照群、ニコチン負荷群とも同様な傾向を示した。

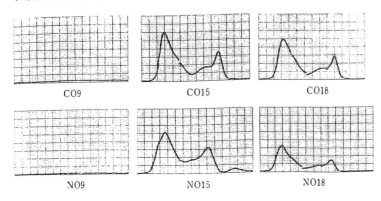

第Ⅳ編　実験的奇形

第1章　ニコチンの薬理作用

第1節　喫煙と注射

1．投与量と奇形率

ニコチン負荷鶏胚子の死亡率と奇形率

Drug	No. of Eggs	1-7 days	8-14 days		15-18 days		Hatch-ality	Overall Incidence of Malformed Embryos
		Mortality	Mortality	Malformed	Survived	Malformed		
Aq. dest. 0.1ml/egg	152	12 (7.9%)	19 (12.5%)	B：1	107 (70.3%)	B：6 C：2	93/107	9/152
Nicotine 3mg/egg	437	98 (22.4%)	74 (16.9%)	28 / 31 °A：20 B：15 C：6 D：3	96 (21.9%)	89/98 °A：28 B：52 C：13 D：56	0/169	117/129 (90.6%)

奇形の鶏類
A: 水症 hydrops　　B: 低体重 undergrowth
C: 腹壁破裂 ruptured abdominal wall
D: 骨格異常 skeletal malformed

図2。鶏胎仔発育不良と奇形

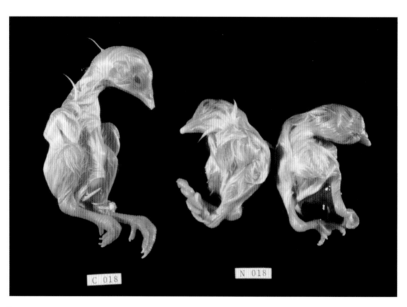

左 C18 は対照孵卵 18 日の鶏胎仔、右 N18 はニコチン 3mg/卵負荷
18 日の鶏胎仔で発育不良の他、種々の奇形がみられる。

5）Teraki Y. :Respiration of the Developing Chick Embryo in Nicotine Treated Hen Egg
St.Marianna Med. J.7:325-333.1979

2．投与量と死亡率

ニコチン負荷による鶏胎仔の死亡率を次の様にして算定した。すなわち、各実験例から無精卵を除外して入卵した総受精卵に対する死亡卵総数の比を百分率にした。なお、死亡卵総数は入卵総受精卵から生卵総数を除去したもので、生卵総数はふ卵の各期に破殻採取した生総数を意味する。

ふ卵 18 日目までの死亡卵の合計を死亡卵総数とした。死亡率は次の様になる。

蒸留水—Aq. 負荷例	(12.6%)
Nicotine 0.1mg 負荷例	(17.5%)
" 1.0mg 負荷例	(25.0%
" 2.0mg. "	(42.9%)
" 3.0mg "	(48.2%)
" 4.0mg "	(62.0%)
" 5.0mg "	(70.8%)
" 6.0mg "	(79.6%)
" 7.0mg "	(82.4%)

ニコチン負荷鶏胎仔の卵黄未消化 [2]

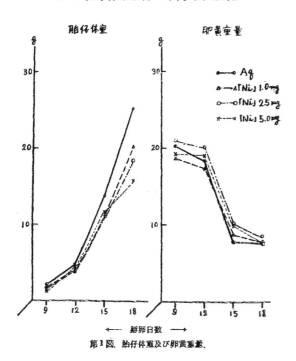

第1図．胎仔体重及び卵黄重量．

ニコチン投与により、鶏胎仔重量は対照と比比較し、ふ卵日数の進展にともなって著しく減少し、その傾向はニコチン投与量の大きなものほど著明であった。また卵黄重量については、ふ卵 12 日目まではニコチンの投与による明らかな影響はみられなかったが、ふ卵後半期においては対照のそれより高値を示した（図1）。これは胎仔へ栄養が十分取り込めなかったことによると思われる。

2) 阿部祐五。Nicotine の鶏胎仔 Glutathion 代謝におよぼす影響。日本薬理学会雑誌。5 57：226〜241、1961

3．ニコチンの化学構造

化学：ニコチンはたばこのアルカロイドであり、ピリジン、メチルピロリジンの結合した形である。　Frankl はニコチンが血管の交感神経節細胞の興奮のため縮小するは、その分子中に窒素を含有する五角環、すなわち Prrrolidin 核の存在するためなりという。

　強い塩基性の極めて有毒な液状アルカロイドである。これの中性酒石酸塩は結晶形である。純ニコチンは無色であるが、空気にふれて褐色となり、特有な臭気をおびる。

Nicotin (I) ハ Nicotiana tabacum L. ノ葉ノ中＝ Nicotimin (II), Nicotcin (III) 及ビ Nicotellin (IV) ト共＝含マレテ居ル、11)

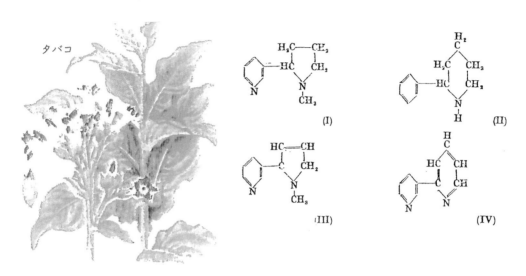

タバコ

実験用のニコチンは、たばこより精製されたものである。

煙草の成分とニコチンの代謝

　タバコはナス科の一年生草木、タバコは葉にニコチンを含み、これが芳香と刺激性・まひ性をもつが、ニコチンは喫煙の際、多くは熱で分解する。葉にはニコチンのほかに、ニコチニン、ニコテイン、ニコテリンなどが含まれる。角尾らが実験に用いたニコチンはタバコの葉より精製された無色特異臭の液体。中枢および末梢神経を興奮させ、腸および血管を収縮させ血圧を上昇させる。ヒトに対しては 40mg で死にいたらしめる。

　宝験に用いたのは、燃焼前のニコチンであり、喫煙後の薬理作用とは異なると思われる。卵殻の中に投与されたニコチン量は 1 回量ではあるが、孵卵経過を通じて慢性的に作用することはニコチンの排泄実験を通じて確認されている。

　なお、喫煙によりタバコの中のタール分は加熱されることにより、健康懸念物質が十数種類確認されている。本書ではニコチンによる実験結果のみである。

4．ニコチン水症と負荷量の適否

ニコチンの水症発生はアドレナリン様薬理作用による。

角尾[01]はニコチンの有害作用はアドレナリン
類似作用にあるとし、図11で比較検討して
いる。Nornicotine の毒性が死亡率の点から
Nicotine に比し弱いことを認めるが、水分
代謝–水症発生–の面から必ずしも弱いとは言
い難い。要するに、Nornicotine の毒性は
Nicotine に比して弱いが、薬理学的にその
作用は Nicotine よりも持続的であるという
ことになる（図11）。

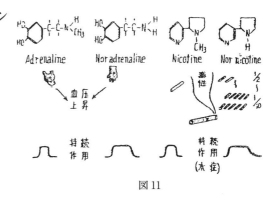

図11

角尾は図12の如く体重比より負荷量をヒトに換算している。本実験に用いた Nicochine
2.5mg を人体(50kg)に換算すると実に 2500 mg の大量を鶏種卵に負荷したことになる。他
方、1本の煙草から吸収される Nicotine
の量をほぼ 2.5mg とすると、2500mg と
いう数値は 1000 本の煙草に相当する。
我々の研究はあくまでも実験的な立場
から"Nicotine 水症"を指標として行
ったもので、これを直接 Nicotine の毒
作用として人体に当てはめることの不
当は言を俟たないところである。
Nicotine の生体内分解、排泄等の機序
を合わせ考えると、適度の喫煙に対し
てはあまりにも神経質になる必要のな
いことを我々は言いたい 。

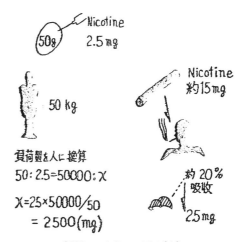

図12

上記の比較は、喫煙加熱時ニコチンの含量について比較した場合の仮説であるが、
タバコにはニコチンの他にタール成分がある。タバコ1本にニコチン 0.3mg の場合で
もタール 4mg の含有と表示されている。JT の報告で加熱式たばこによる呼気、尿中
の健康懸念物質の中に極めて有毒な一酸化炭素が検出されている。タールの不完全燃
焼によるものと考えられる。

01）角尾　滋：煙草の薬理、昭和医誌、17：481-489，1958.

5．紙たばこと加熱式たばこのニコチン濃度

　紙巻たばこによる喫煙は健康懸念物質の暴露量が約20％と言われている。紙巻たばこにはニコチンとタールが含まれており、ニコチン低量、例えば0.3ｍｇでもタール成分は4ｍｇと多く含有されている。したがってたばこアルカロイドに含まれるタール分の除去が有害物質の暴露を軽減する有効な手段と考えられる。電子たばこは電気式の吸入器にニコチンや香料を含む溶液を入れて、加熱して蒸気を吸い込む仕組みで、紙たばこに含まれるタールなどの有害な化学物質や匂いが少なく、禁煙や減煙を助けるとされている。しかし、米国では2019年、500件近い健康被害が報告され、電子たばこに関連する肺疾患で少なくとも6人が死亡したという。この結果、米国では電子たばこ販売禁止となっている。

　加熱式たばこにおける科学的知見[02)]で、同一条件下で紙巻たばこと加熱式たばこのニコチン濃度を調べたところ、紙巻たばこ1000〜2420maμg/m³にくらべ、加熱式たばこの濃度は26〜257μg/m³と低かった（下図）。

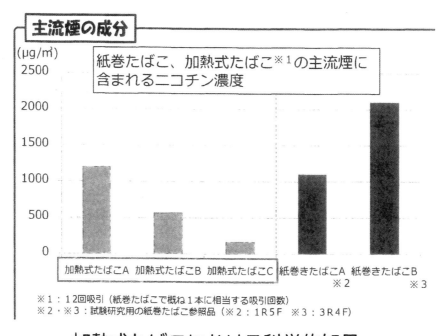

加熱式たばこにおける科学的知見

02）厚生労働科学研究費補助金厚生労働科学特別研究
　　　「非燃焼加熱式たばこにおける成分分析の手法の開発と国内外における使用実態や規制に関する研究」

6. 喫煙後の有害成分

　最近、従来の紙巻たばこより加熱式たばこに移行する喫煙者が増加しているが、有害
物質がどの程度軽減されるかについて調査が行われた。調査は JT により行われたもので、
2021 年、日本臨床薬理学会にて発表された。その要旨を述べると、有害物質すなわち健
康懸念物質とよばれるもので、米食品医薬品局（FDA）が提示する 15 種類の化学物質を
選択、紙たばこと加熱式煙草をそれぞれ喫煙、治験者の呼気中、尿中の代謝物資を測定し、
比較検討したものである。

　　　喫煙により高熱で分解され次の様な有害な化学物質が生成される。

　　　類の有害な物質が含まれている。その主なものは次の様なものである。

　　○アクロレイン acrolein $CH_2-CH-CHO$　　毒性が強い

　　○ベンゾピレン benzopyrene $C_{20}H_{12}$　　　発癌性物質

　　○ベンゼン　　　benzene　　　C_6H6　　　　人体に有害

　　○クロトンアルデヒド　crotonaldehyde CH_3CH_2CHCHO

　　　刺激性のある無色の液体

　＊一酸化炭素　carbon monoxide　CO

　　　血液中のヘモグロビンと結合してカルボニルヘモグロビンとなりヘモグロビンの機能

　　　を阻止するのできわめて有毒で空気中 10ppm でも中毒を起こす。

　　　特にこの一酸化炭素はニコチンの中毒作用と同じく血管を収縮し、喫煙により一酸化炭

　　　素ヘモグロビン血を形成し、中毒作用をあらわす。

　この科学的調査の結果、加熱式たばこに切り替えたグループは紙巻煙草の喫煙を継続
したグループと比較して、測定した健康懸念物質の多くで暴露量が顕著に低減、禁煙した
グループと同様に低減したという。コメントとして、今回の結果のみで健康リスクが低減
するとの結論付けはできないが、将来的なリスク低減につながるエビデンスになるだろう
との見解を示している。しかし低減とは言い一酸化炭素などの有害物質は皆無ではない。
ここに深刻な問題があると思われる 。

第2節　ニコチン水症
1．ニコチン水症の発見

煙草の薬理

　上記の題で昭和 32 年、昭和医学会秋期総会において角尾　滋教授は特別講演された。多年にわたる Nicotine を中心とした研究結果を報告された[01]。ここで述べられたのは、タバコの主成分であるニコチンを鶏卵に投与したところ、鶏胚子に異常な水腫の発生をみたことにある。水症 hydrops とは透明な水溶液が、体内の組織または体腔に過剰にたまることを言う。部位に応じて、腹水 ascites,　全身水腫 anasarca, 浮腫 edema などと呼ばれる。

　ここで角尾らは Nicotine 水腫（後に Nicotine 水症と改めた。）なる奇異な現象に遭遇したと述べている。そしてこの"Nicotine 水症"を指標として煙草成分の毒性を検討したならば、Nicotine の毒性についても新しい見解が得られるのではないかと考え、研究を続けられた。"Nicotine 水症"は鶏胚子にみられる全身水腫であるが、1 回投与 Nicotine が孵卵経過を通じて慢性的に作用することは Nicotine の排泄実験から確証された。

Neonicotine 1.8 mg/卵、負荷

孵卵 18 日目鶏胎仔

（水症發生）「高玉」

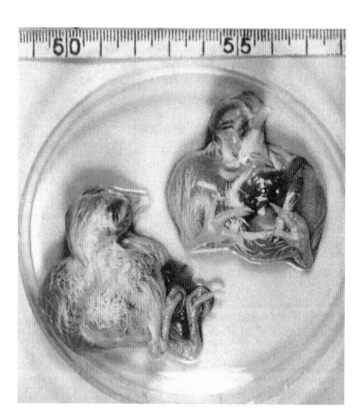

ニコチン水症

01）角尾　滋：煙草の薬理、昭和医誌、17：481-489，1958.

2. 初期胚の心臓血管系

　ニコチン水症が、なぜ高頻度にニコチン孵化卵でみられるかを考えてもみると、病因として角尾ら[02]は、血管の透過性障害、腎細尿管の変性および心臓に内皮細胞の増殖と水腫を認めるなどを挙げている。水症の多くは、頭部にみられず、心囊腔内、腹膜腔内などにみられることより、心臓血管系の発生に卵黄囊から卵黄脈管系を介して胚へ栄養が供給される。ここに障害が起これば、水症の発生につながるのではないかと、考えられる。

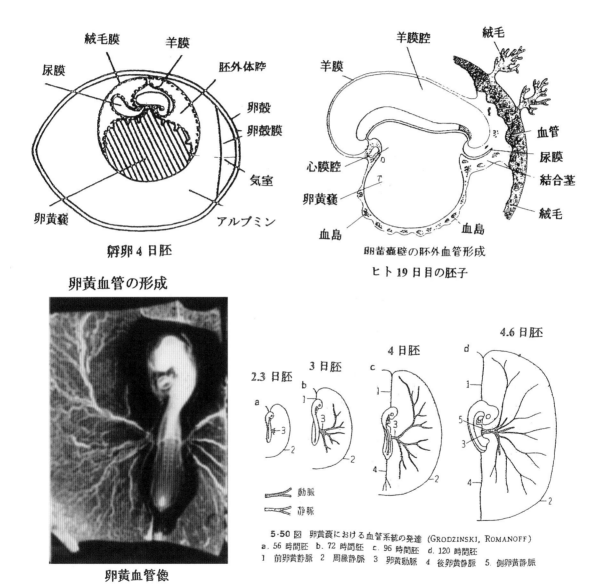

絨毛膜　羊膜
尿膜　　　　　胚外体腔
　　　　　　　卵殻
　　　　　　　卵殻膜
　　　　　　　気室
卵黄囊　　　アルブミン
孵卵4日胚
卵黄血管の形成

羊膜腔　絨毛
羊膜
心膜腔　　血管
　　　　　尿膜
卵黄囊　　結合茎
血島　　絨毛
血島
卵黄囊壁の胚外血管形成
ヒト19日目の胚子

卵黄血管像

2.3日胚　3日胚　4日胚　4.6日胚

── 動脈
── 静脈

5・50 図　卵黄囊における血管系統の発達 (GRODZINSKI, ROMANOFF)
a. 56 時間胚　b. 72 時間胚　c. 96 時間胚　d. 120 時間胚
1 前卵黄静脈　2 周縁静脈　3 卵黄動脈　4 後卵黄静脈　5 側卵黄静脈

02）角尾　滋他　Nicotine の薬理学的研究　14：41-61，1954.

41

3. ニコチン負荷による鶏胚水症の発生

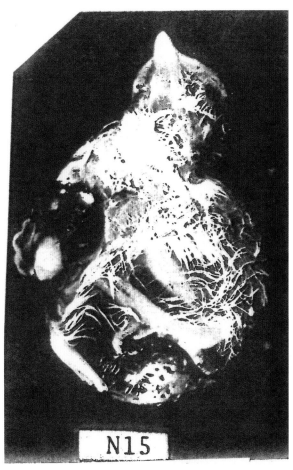 

ニコチン水症 　　　　　　　　　　　　腔水症

15日胚：著明な全身水症、背部ならびに　　　　15日胚：貯留液の中に腸管が浮遊
腹部の筋形成不全、内臓脱出、羽毛発育不　　　　しているのがみられる。腹壁の形成
良等がみられる。　　　　　　　　　　　　　　　はみられない。

　　水症 hydrops とは透明な水溶液が、体内の組織または体腔にたまることをいう。全身水腫 anasarca は皮下結合組織内への浮腫液の全身性浸潤ともよばれる。

　　ニコチン負荷と水症発生の経緯を見ると、ニコチン 2.0‥3.0mg/以上のニコチン負荷例に局所的或いは全身的の水腫形成が認められ、頸部は硬直し、胎仔は矮小となる。しばしば胸郭の発育不良にして、直腹筋の離解高度にして、心臓その他、内臓も皮下に露出し、心臓の拍動が肉眼的に観察される。孵卵18日における水腫のうち、皮下に漿液性の貯留液が高度に集まり、胸腹部全体があたかも球の如く膨隆した例（図参照）もみられる。

　　水腫の著明な場合には孵卵15日、18日目の胎仔から3〜4ml あるいは8 ml の漿液性を容易に採取できる。これらの水腫を電気泳動法で分析すると次の様な結果が得られた。

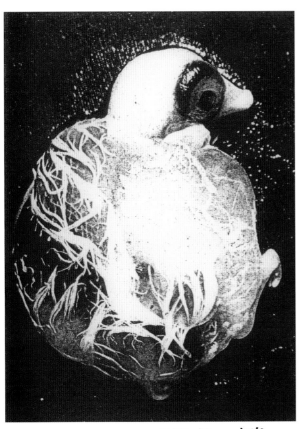

ニコチン 7.5mg15 日胚 仔、 水症

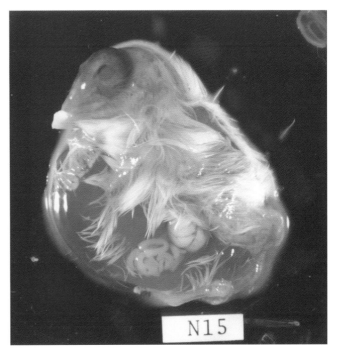

ニコチン 3mg15 日胚仔、

水症の組成 *

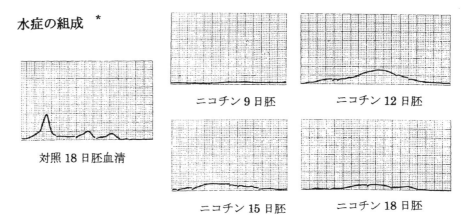

対照 18 日胚血清

ニコチン 9 日胚　　　　ニコチン 12 日胚

ニコチン 15 日胚　　　　ニコチン 18 日胚

図　ニコチン負荷　9-18 日胚子の水症組成の電気泳動所見

* Teraki.Y.: Protein and nitrogen metabolism in blood　and allantoic and aminiotic fluids of chick embryos in nicotine- injected henn eggs. St.　mMarianna Med. J.!1-14,1980.

第3節　セロソミア

1．腹壁の形成

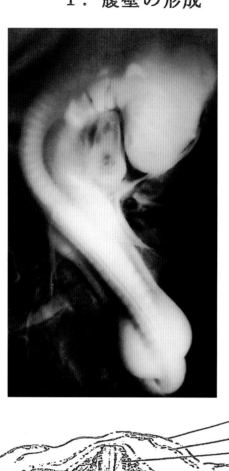

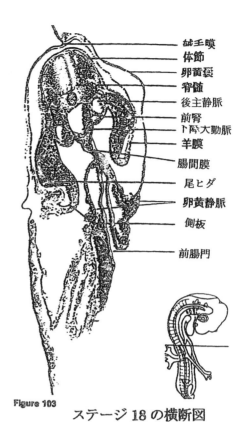

絨毛膜
体節
卵黄嚢
脊髄
後主静脈
前腎
下降大動脈
羊膜
腸間膜
尾ヒダ
卵黄静脈
側板
前腸門

Figure 103　ステージ18の横断図

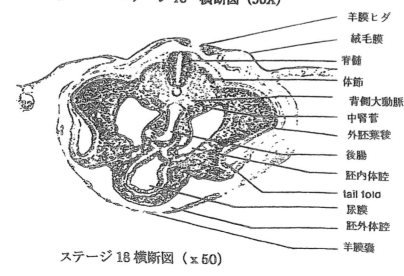

羊膜
脊髄
体節
羊膜嚢
中腎菅
肢芽
背側大動脈
後腸
卵黄静脈

Figure 106　ステージ18　横断図（50X）

羊膜ヒダ
絨毛膜
脊髄
体節
背側大動脈
中腎菅
外胚葉稜
後腸
胚内体腔
tail fold
尿膜
胚外体腔
羊膜嚢

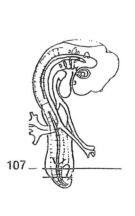

106

107

ステージ18横断図（x 50）

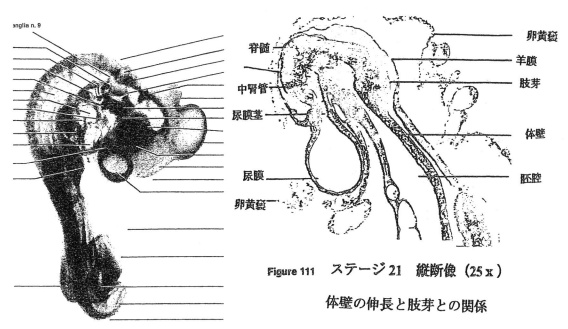

ganglia n. 9

脊髄

中腎管

尿膜茎

尿膜

卵黄嚢

卵黄嚢

羊膜

肢芽

体壁

胚腔

Figure 111　ステージ21　縦断像（25ｘ）

体壁の伸長と肢芽との関係

ステージ　21　鶏胚全体像

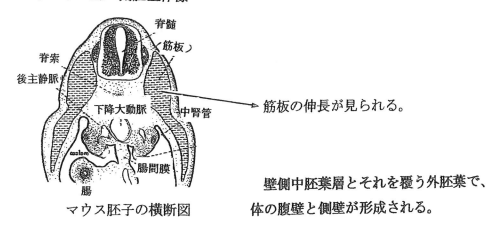

脊髄

筋板

脊索

後主静脈

下降大動脈

中腎管

coelom

腸間膜

腸

マウス胚子の横断図

➡ 筋板の伸長が見られる。

壁側中胚葉層とそれを覆う外胚葉で、
体の腹壁と側壁が形成される。

種々の発生段階の胚子の横断面（ヒト）

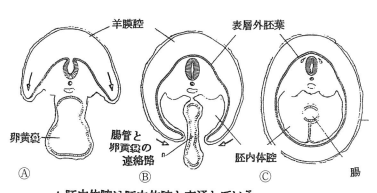

羊膜腔

表層外胚葉

卵黄嚢

腸管と
卵黄嚢の
連絡路

胚内体腔

腸

Ⓐ　　　　　　Ⓑ　　　　　　Ⓒ

A.胚内体腔は胚内体腔と交通している。
B. 胚内体腔は胚外体腔との連絡を失うとしている。
C.臓側板は正中線で癒合し、体表外胚葉は閉じる。

2. セロソミアの発生

　鶏胚子におけるセロソミアの発生は主に中胚葉の分化過程における障害による。すなわち胚子の外形は中胚葉組織塊の形成に始まる。胚内中胚葉は内部肥厚して内側中胚葉と外側中胚葉（側板）に分けられる。内側中胚葉は体節を形成し、さらに分化して脊索に向かって遊走する堆板、脊側壁には皮板、筋板は各分節の筋組織を形成する。

　外側中胚葉は壁側中胚葉層と臓側中胚葉層に分かれ胚内体腔を裏打ちする。壁側中胚葉層はこれを覆う外胚葉とともに体の側壁と腹壁を形成し、臓側中胚葉層と胚子の内胚葉が消化管壁を形成する。

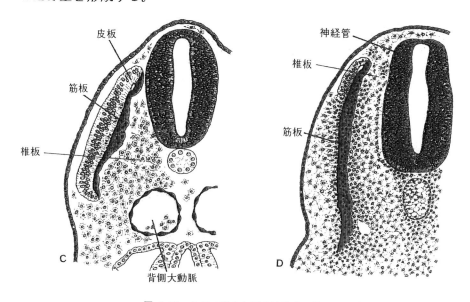

図 5-10　体節の発生を示す連続する発生段階＊

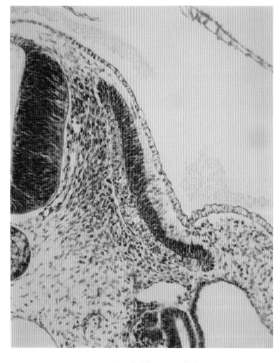

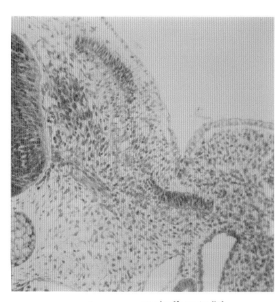

対照：孵卵 3 日胚　　　　　　　　　ニコチン 3mg/卵負荷 3 日胚

（体節の発生）

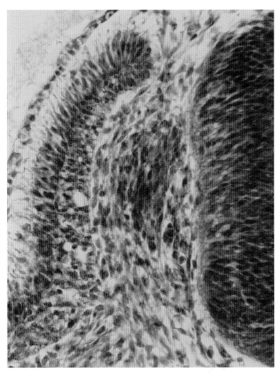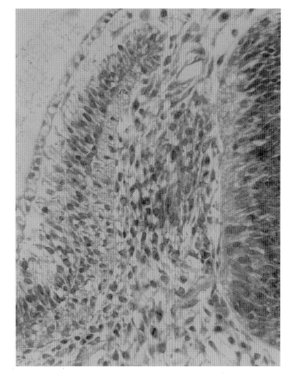

対照：孵卵4日胚　　　　　　　　　　　ニコチン 3mg/ 卵負荷4日胚

　セロソミア selosomia は先天性胸腹臓器ヘルニアと呼ばれるもので、腹部あるいは胸部
内臓の先天性突出であり、腹壁の欠損を伴うものである。

鶏胚において、ニコチンによるセロソミアの発生は、その発生過程において腹壁の形成異
常がみられることにある。その起こりは、中胚葉組織の発達障害、体節ならびに壁側層に
あるものと思われる。孵卵3.5日で体節は完成され、44体節となる。4日胚の第25番目
の水平位置で横断した組織図を左に示す。体節は皮板、筋板、堆板とかなり明瞭に識別さ
れ、壁側板の形成も十分である。（図左）。

　一方、ニコチン負荷4日胚では全般に発育の遅れがみられ、胚体が3日胚より停滞して
いる傾向がみられる。皮板、筋板、堆板の増加も不良で、発育の遅れがみられる。3日胚よ
り進展がみられない（図右）。

＊ラングマン人体発生学　第5版　医歯薬出版

3．腹壁形成不全

孵卵7日胚・腹壁横断図

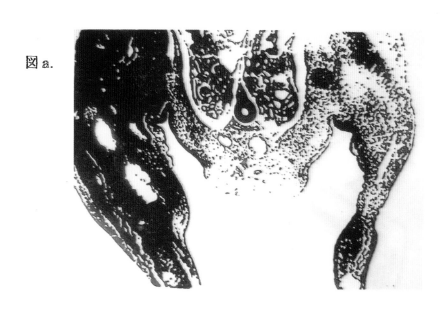

図 a.

　孵卵7日胚では、腹壁は閉鎖され、良く発達した筋層がみられる。上肢
も発達し、充実しているのがみられる。翼の付着部より下方における横断面を
図 a.に示す。

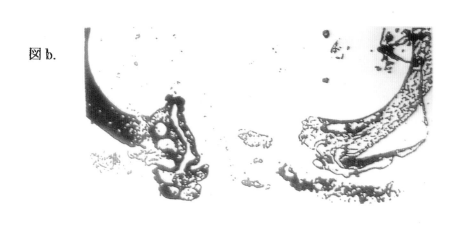

図 b.

　ニコチン負荷7日胚では同じく翼の付着部の直下にて水平断面した組織所
見で、筋組織と側壁中胚葉の伸展、発達がみられない。腹壁の前層にわたり、
広範な腹壁の欠損が認められる（ 図 b.）。

4. 鶏胚モンスター

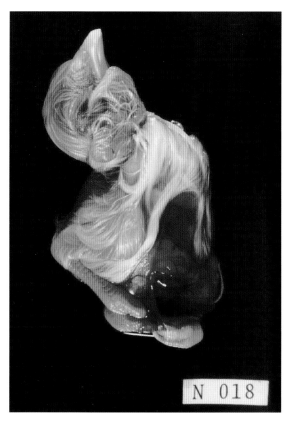

腹壁欠損

ニコチン投与 18 日鶏胚

広範な腹壁欠損、内臓脱出、
脊椎変形などが見られる。

脊椎変形

ニコチン投与 18 日鶏胚

いわゆるモンスターと言われる奇形、
広範な腹壁形成不全、内臓脱出、脊椎
変形が見られる。

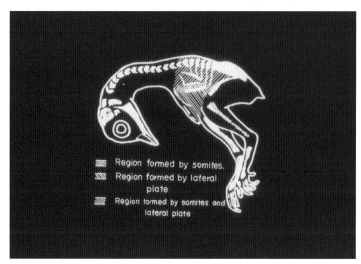

- 体節由来の領域
- 壁側中胚葉由来の領域
- 体節と壁側中胚葉の混合領域

第4節　骨格の形成
1．骨格の発生

　骨格および関節系は中胚葉の体節から発生する。そして、これらの体節は分割して堆板と皮筋板へと分化する。堆板からは軟骨、骨および靭帯が形成される（図1.25）。
胚子で最初に発生する骨格は軟骨で構成される。その後は軟骨内骨化の過程により徐々に骨へと変換する。ヒトでは発生第20週までに骨にとって代わられるが、鶏胚では8日から化骨が開始される。

　一方、ニコチンの鶏胚子発生におよぼす影響について骨格への影響を観察した。
ニコチン負荷4日胚子の体節と対照卵の体節を比較すると、図の様に、対照卵の体節は間葉で充満しているのがみられるが、ニコチン負荷胚の体節は租な間葉の集積がみられ、体節の容積も小さく発生段階の遅れがみられる。これにより諸所の骨格形成が不完全となり、骨格の奇形が生じることになると考えられる。

　脊柱・四肢の奇形発生の機序は不明なるも、間葉細胞の増殖には血流の増減が大きく影響すると思われるが、ニコチンにより血液供給の傷害が起こり得ると思われる。

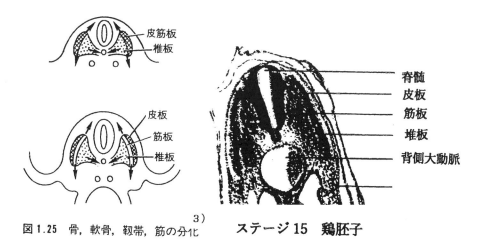

図1.25　骨，軟骨，靭帯，筋の分化　³⁾

ステージ15　鶏胚子

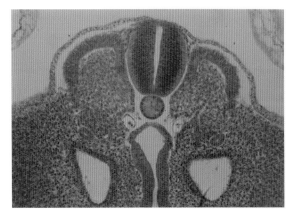

対照：孵卵4日胚

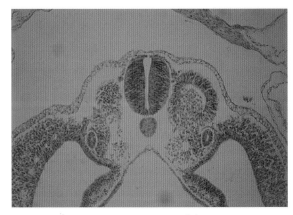

ニコチン負荷：4日胚

２．脊柱の異常

　脊柱は体節の堆板分節から発生する。できあがった堆骨は１つの堆板の尾方半の凝縮とそれと融合する下位の堆板の頭方半とで構築される。

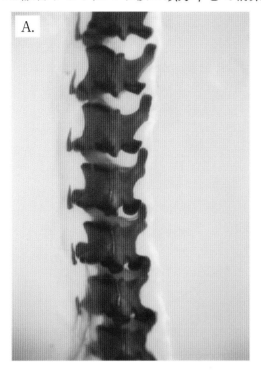

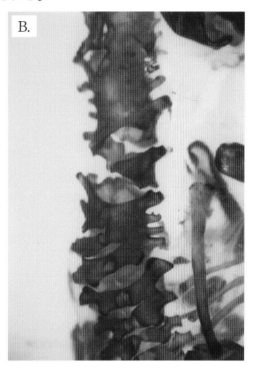

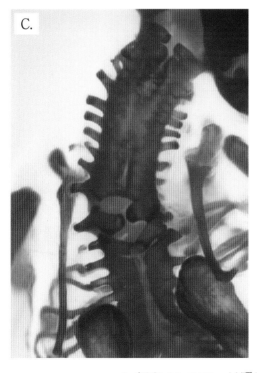

A.孵卵 20 日胚　対照卵　正常脊柱
B.　ニコチン負荷卵　20 日胚　椎骨欠損
C.　ニコチン負荷胚、20 日胚、椎骨変形
D　対照　20 胚、骨格標本.

3．骨格形成異常

A．孵卵20日胚　正常骨格標本

B．孵卵20日胚　脊椎所見

C．ニコチン3mg/卵負荷卵

20日胚骨格標本

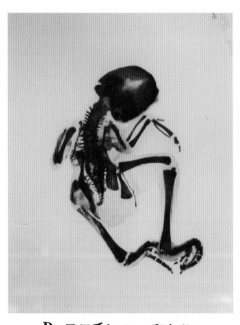

D．ニコチン3mg/卵負荷

20日胚骨格標本

　　　ニコチン投与群においては斜頸、脊椎の変形が最も特異的な所見として認められる。斜頸は頭部を右側に傾ける例が多く、硬直をともなっている。脊椎の変形は尾椎骨前弯が著明である。さらに下肢関節の伸展不能、内飜足を示すものが多い。

4. 骨レ線像

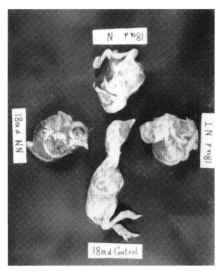

第 3 図.

骨：レ線所見[14), 2)

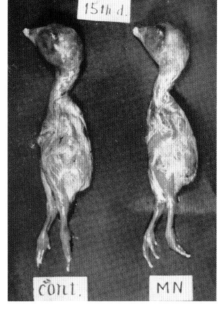

第 4 図.

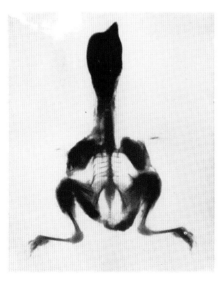

第12図. レ線像18日目対照群.

第13図. レ線像18日目N群.

　N 群の鶏胎仔の骨梁は細く疎であり、皮質部は薄く、為に一般に影像は淡い。この程度を比較すると、NN, NT 群で著しい。扁平骨とくに椎体は小さく、扁平形を示すものが多い。不正形を示すものもある。椎体の配列は乱れ、脊髄は不規則な彎曲を示す。肋骨は走行が極めて不正で、かつ骨折が認められ、椎体との結合部も不規則である。長管骨において、骨幹部の骨形成は骨端部より著しく遅延しており、彎曲が著明であり、骨折がみられる。MN 群における骨レ線像の変化は殆どない（第 12 図、13 図）。

14) 角尾　滋、高橋敬蔵、加藤幸子、長沼芳季、屋冨祖徳樹、中川隆一、別所為利、
　　木村　功：日本薬理学雑誌　**55**、1051—1060　（1959）
2) 角尾　滋等：昭和医会誌　**14**、41（1954）

第2章　オータコイド

第1節　プロスタグランジン[16]、[17]

1．PGF2αの影響

　鶏胚子に対する死亡率は PGF2α10μg/卵では 28％と対照と差は見られないが、50～100μg/卵と用量を増加すると 42％、59％と増加した。特に PGF2α の吸収胚、死亡胚の増加は孵卵開始時より鶏胚の生活環境に有害に作用した結果と思われる。さて、鶏胚にみられる奇形の種類については、水腫、化骨異常、内臓脱出など多くみられるが、今回の実験では PGF2α 投与群に足の伸展あるいは屈彎曲が多くみられた。

　PGF2α 投与卵の孵化率を調べると、負荷 10μg では 64 例中 34 例（53％）であるが、負荷量を 50～100μg/卵に増加するると全例孵化し得なかった（表）．なお、孵化しえても、立ち上がり、歩行は困難であった（図3）。

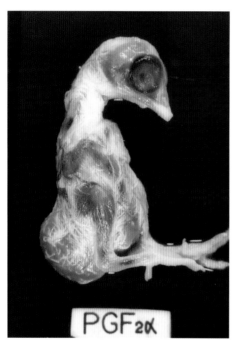

F2α 100μg17 日胚

左背部水腫

右. 全身水症

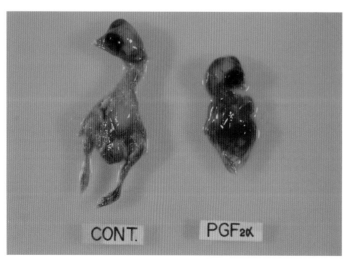

右。対照胚

左。吸収胚

16) 寺木良巳、南雲今朝雄。：Prostaglandins ならびに Oxytocin の鶏胎仔におよぼす影響
　　について　聖マリアンナ医大誌　1,975　3：188—195
17) Teraki Y. and Nagumo K.:10 th Int.Cong. Anat., Tokyo,1975

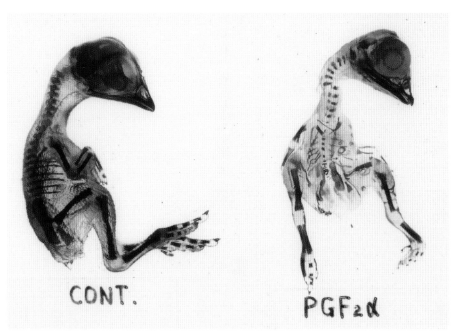

PGF2α18日胚　骨格標本

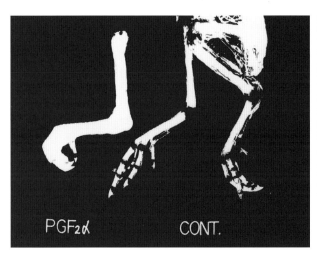

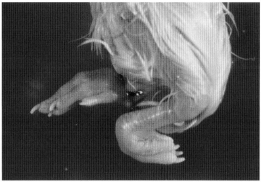

足の屈曲

指の分離不全

図3.　PGF2α孵化雛の起立不能

2. PGE₁, E₂ の影響

死亡率ならびに外形の異常

死亡率						奇形							
薬物	用量	孵卵数	死亡数	死亡率(%)	孵化(%)	薬物	孵卵	拘縮	水症	浮腫	嘴奇形	臓脱	他
	—	98	16	16	54/74		90	2					
Aq		398	110	28	26/34	Aq	146	3				1	
PGE₁	100μg	102	36	36	—	PGE₁	102	2	1				hema-toma 1
PGE₂	100μg	113	66	58	—	PGE₂	98	3				1	

PGE_1 100μg/卵の投与では死亡率に対象と比べて特に差はみられない。PGE_1の血管透過性の亢進作用による水症発生が予測されたが、わずか一例のみであった。下肢の拘縮など少数みられた。PGE_2に一例、尾部に血腫がみられた。しかし、後述の Peraud [18] らの報告をみると、奇形の発生率が、孵卵数は 10 個内外に比し、奇形の発生率が多い。例えば、孵卵 48 時間胚子の対照に交差嘴、無眼球、小眼球症、脊椎側彎、心臓転位などが、なぜこのように見られるのか。負荷卵でも PGE_2 負荷群に顔面欠損、内臓脱出などが報告されている。孵卵 72 時間でも交差嘴など対照、負荷卵同様にみられる。顔面欠損、二分脊推、無脳症など神経系の奇形も報告している。われわれの実験とは大いに異なる結果が報告されている。

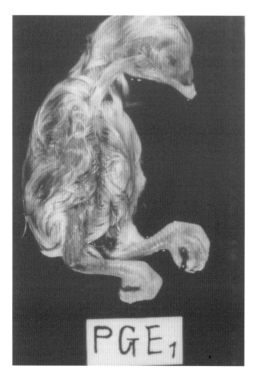

PGE₁ 3mg 負荷 18 日胚

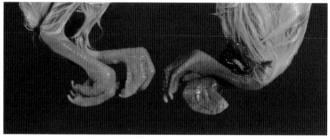

PGE₂ 100μg 18 日胚

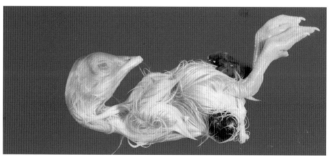

PGE₂18 日 胚尾部血腫,

PGE2 の鶏胚子におよぼす影響について Persaud ら[18] は次の様な論文を報告している。表VIIIは 48 時間、表IXは 72 時間の PGE2 孵卵処理時の結果、死亡率と奇形の種類について若干異なることを述べている。

PGE2 の鶏胚子発育におよぼす影響（孵卵 48 時間）

	Unopened controls[a]	Solvent-treated controls	用量 (μg)		
			20	50	100
孵卵数	24	17	10	10	9
早期死亡、壊死	0	4	0	0	2
7 日死亡数	0	0	20 (N.S.)	40 (N.S.)	33.3 (N.S.)
死亡率 (%)	0	23.5	8	6	6
7 日生存率	24	13	20 (N.S.)	33.3 (N.S.)	85.7 (P < 0.05)
異常胚子 (%)	4.2	23.1			
奇形の種類	Tail reduced	交叉嘴 無眼球 小眼球症 脊椎側弯症	小眼球症 脳ヘルニア 顔面欠損 内臓脱出	交差嘴 無眼球 tail reduced	小眼球症 顔面欠損 内臓脱 tail reduced

Table IX. Effects of PGE₂ on Developing Chick Embryos at 72 hr Incubation

Abnormal embryos (%)	4.2	31.6	0	10	37.5 (N.S.)
Types of malformations:		tail reduced	交差嘴	tail absent	交差嘴

　この Persaude の論文では、例数に比し各種の奇形発現率が多いと思われる。とくに、crossed beak 交差嘴の奇形が多い。著者は PGE₂100μg113 例中 1 例に嘴奇形を認めた。

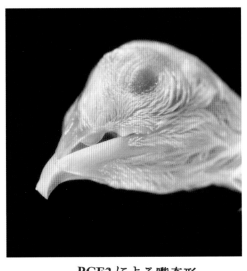

PGE2 による嘴奇形

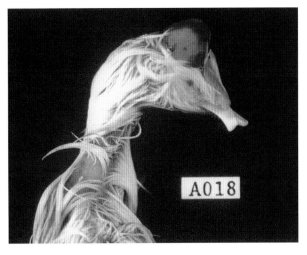

アスピリンによる交差嘴。

　結果を要約すると、表VIIIの 48 時間孵卵の死亡率は 72 時間のに比べて高かった。奇形率は 48 時間孵卵の 100μg/卵処置群において有意に高かったと報告している。
　このことは胚葉の分化が 48 時間の胚に対して感受性が高かったことを示しているか、特に Facial defect, Ectopia viscerum はこの時期に影響を受けたものと思われる。

18）Persaud , et al : Embryonic and fetal development Capter 6.p.186-187.1973.
THE PROSTAGLANDINS VOLUME II PLENUM PRESS N.Y.

第2節　セロトニン

1．セロトニン奇形

　セロトニンは腸管、中枢神経系に高濃度に分布し、ヒスタミン、プロスタグランジン、ブラジキニン等とともにオータコイドとも呼ばれ、生理的ないし病的な条件下で生成され、主として生成部位周辺で放出される。血管収縮が主なる作用であるが、これが催奇形をもたらす要因になると考えられる。すでにセロトニンは妊娠マウス、ラッとのに投与すると胎盤に作用し、胎児の死亡、催奇形作用が報告されている。

　今回、セロトニンが鶏胚発生に対しどの様に影響するかを PGF2α,ブラジキニンと併せて検討した。

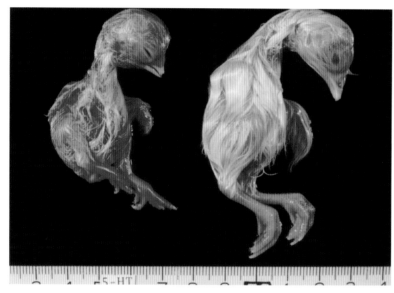

セロトニン 3mg 投与 14 日胚、
発育不良
が左にみられる。右は対照

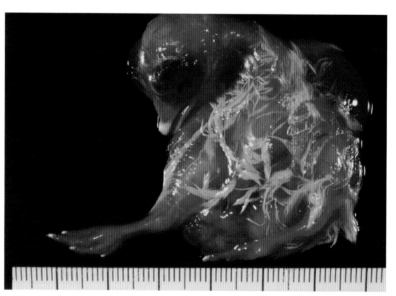

セロトニン 3mg 投与 14 日胚、発育不良
が左にみられる。右は対照

セロトニン 1mg 投与 15 日胚
背部水腫

2. 鶏胚の外形と骨格標本

　マウス、ラットにセロトニン投与すると神経系の異常、骨格欠損、浮腫、内臓奇形など
が報告されているが、鶏胚については十分、明らかにされていない。鶏胚奇形は、外形・
内蔵異常の観察されるものの、骨格の奇形については見透し出来ない。北川[19]は、外形奇
形が観察された全例について、骨格標本を作製した。これにより複雑な奇形の全体像を
明らかにするこが出来た。外形・内蔵異常、骨格異常は各用量により程度が異なる。

図左。外形・内蔵所見　　→　　　図右。同骨格標本

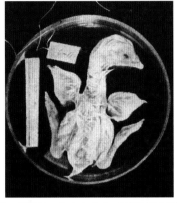

写真 1　対照例：生食水 0.2 ml 卵黄囊内投与．
孵卵18日目生存例．十分に発育した体
軀，翼，たくましい脚，完成した趾端，
嘴，長く発達した羽毛がみられる．

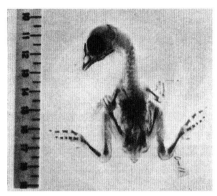

写真 2　同アリザリンレッド染色骨格標本
化骨形成十分な太い骨格がみられる．屈伸自在
な諸関節，整つた椎骨，肋骨，趾骨もはつきり
している．肉付きも良好．

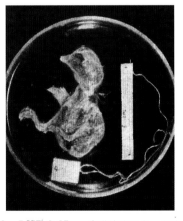

写真 3　5 HT 0.27 mg 卵黄囊内投与．孵卵18
日目死亡例．背側に著明で全身に汎る
皮下水腫．全身皮下出血．全身発育不
全．羽毛発達不全．四肢未発達．

写真 4　同骨格標本．下半身捻転．脊椎捻転．
大腿骨腹部に埋没．右大腿部腹部に癒
着．趾骨内反．

19)　北川行雄：Serotonin および関連化合物の鶏胎仔毒性ならびに奇形発生について

　　昭和医学誌、33；506—520、1973。

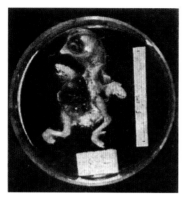

写真 5　5HT 0.27mg 卵黄嚢内投与．孵卵18日目
　　　　死亡例．発育不全，羽毛不全．内臓ヘルニ
　　　　ア．内臓癒着変形出血．全身皮膚出血．

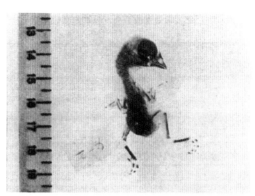

写真 6　同骨格標本．下半身捻転．大腿骨角度異常．
　　　　化骨不全．

写真10　5HT 2.43mg 卵黄嚢内投与．孵卵18日目
　　　　生存例．内臓水症ヘルニア．肝肥大変形．

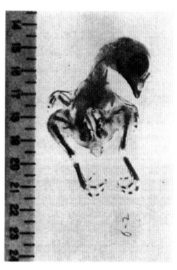

写真11　同骨格標本．脊椎屈曲．腰椎断絶．左右脛
　　　　骨－中足関節伸硬直．趾骨内反．

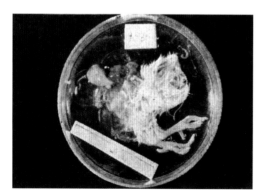

写真16　5HT 7.29mg 卵黄嚢内投与．孵卵18日目
　　　　生存例．著明な嚢水瘤及び内臓ヘルニア．
　　　　臓器変形肥大癒着．

写真17　同骨格標本．脊椎Z字状に屈折後經．肋骨
　　　　外反．体幹反転．

3. 卵黄内投与による奇形発生率[19)]

実験群 奇形・異常の種類	対照群		Serotonin 投与群 (mg)							5HIAA 投与群 (mg)				
	生食水 0.2ml	CR-S 0.57mg	0.03	0.09	0.27	0.81	2.43	7.29	小計	0.5	1.0	2.0	4.0	小計
異常胚仔実数／検査生胚仔実数	1/14	2/15	0/14	3/12	6/9	5/12	5/5	4/4	23/56	3/14	5/14	1/14	1/13	10/55
異常胚仔発現率(%)	7.1	13.3	0	25	67*	41	100**	100**	41.1**	21.4	35.7	7.1	7.7	18.1

* $P<0.05$ ** $P<0.01$

以上の通りセロトニンの用量増加により奇形率も増加する。今回、みられた主な奇形は下記に示す如く複数の異常が1個体にみられる。

外形・内臓異常：発育不全、水症、内臓ヘルニア、内臓出血、内臓癒着、肝肥大変形、肝脂肪沈着、心肥大変形、門脈静脈叢、全身皮下出血。

骨格異常：おうむ嘴、脊椎屈曲捻転、脊椎断絶、上腕骨角度異常、大腿骨角度異常、大腿一脛骨角度異常、脛骨面内反、細脚、全身化骨不全

セロトニンによる奇形発生の機序は哺乳動物等では、胎盤、子宮、臍帯の血管収縮による胎仔への栄養通過障害やアノキシアが胎仔発育障害を来すとえられるが、鶏胚では絨毛尿膜動静脈が胎盤の代わりをなしている。一方、鶏種卵においても低酸素条件下で孵卵すると無脳、小眼、脊椎裂、心中隔欠損、心逸脱、四肢欠損、短肢等が出現することがRubsaamen[04)]により報告されている。これに対し、北川は今回の実験では、一例も見出されていないと報告している。　今回の北川の実験は Serotonin の卵黄内投与を孵卵 4 日目より行っている。　胚葉の分化は孵卵 1 日目より始まり、3 1/2 日でほぼ器官の形成がみられることから、特に中枢神経系に対する薬物の感受性は孵卵 4 日胚では低下していることによると思われる。

4. [14]C-標識セロトニンのオートラジオグラム[19)]

卵黄内に投与された薬物は卵殻内でどの様に取り込まれているかを示すもので、卵殻、卵黄嚢および尿嚢に高濃度の分布がみられる。

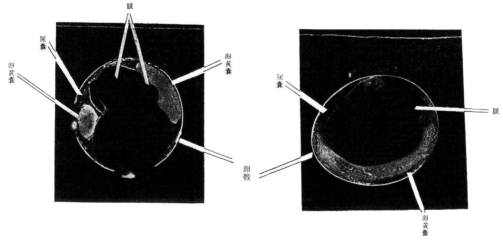

04) Rubsaamen,H.,Beitr. Pathol. Anat.,112:336-379,1952

第3章　関連物質

1．アスピリン

　アスピリンは PG 産生を抑制し鎮痛作用などを表す。最近ではアスピリンが抗血栓薬として用いられている。また、子宮の PG 産生を抑制し、子宮の収縮を抑制するので、流産防止にもすることも可能だが、胎児の動脈管開存には PGI_2 が必要なので、アスピリンにより同時に胎児の動脈管が閉塞し、胎児が死亡することがあるので使用されない。一方催奇形でサリチル酸、アスピリンの大量を妊娠ラットやサルに経口的に用いると、その胎児に種々の奇形を生じることは、以前より知られているが、近年英国での疫学的研究として、出生した 800 例以上の奇形児について、その妊娠中にサリチル酸剤の投与された例の頻度が調査され、対照とする正常児群における投与例の頻度より有意に高いという結果が発表された。妊婦が常用量のアスピリンを服用すると奇形児を生じ得るのか否かは重要な問題であるから、アスピリンの服用を必要とした妊婦の疾患の関与の点をも併せ、行き届いた調査がわが国でも行われることが望まれる、と 1973 年に提言されている。現在、出産予定日 12 週以内の妊婦には出血傾向を避けるため禁忌となっている。

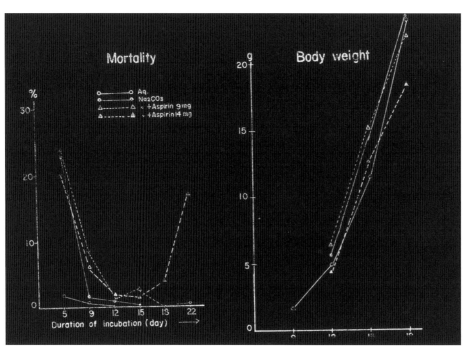

アスピリン死亡率　　　　　　ふ卵日数と体重増加

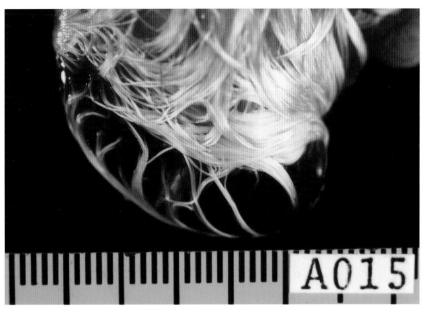

アスピリン水症　15日胚

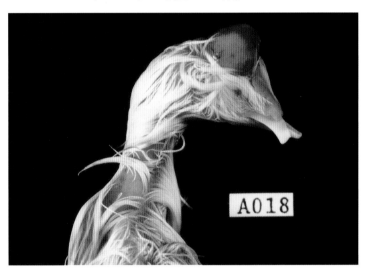

アスピリン脳腫，嘴交叉

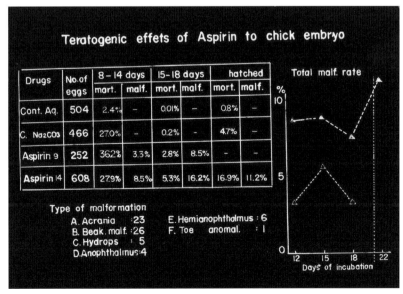

アスピリン奇形と死亡率

2．ハイドロコートン

　妊娠中毒症の一因として現在、セロトニンの関与が考えられているが、副腎皮質ホルモンも高血圧、浮腫、タンパク尿など誘発することからその関与も考えられる。最近、糖質コルチコイドは細胞のアラキドン酸代謝を阻害することが知られている。アラキドン酸からは、プロスタグランジンなどの物質が数多く作られるが、トロンボキ酸（TXA2）も妊娠中毒作用を有する。このことから今回、ハイドロコートンもセロトニン、プロスタグランジンと同様、鶏胚子に及ぼす影響を検討した。

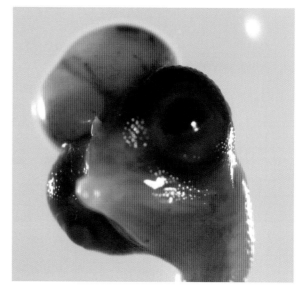

巨眼症

嘴異常

発育不良

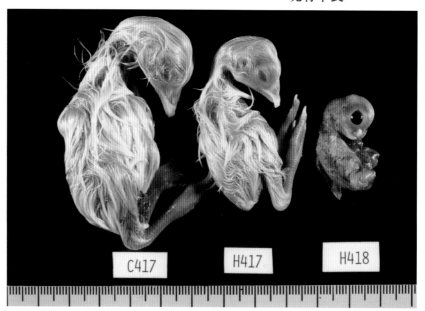

3. オキシトシン

　子宮収縮剤としてオキシトシン、プロスタグランジンが使用されるが、諸外国では PG は 副作用のため発売されていない。子宮平滑筋作用はオキシトシンと同様であるが、血管平滑筋の収縮作用があり、子宮胎盤血流量の減少がみられる。このことは、鶏胚子への影響もみられ、PGF2αで死亡率の増加、催奇形となって現れる。

図左よりオキシトシン 0.5 単位、PGF2α 10 μg, 対照卵の嘴。オキシトシンで細長嘴、PG で上嘴の短縮が、対照で正常の嘴が見れられる

オキシトシンと PGs の鶏胚子発生への影響[1]

　オキシトシンの死亡率は対照と変わりはないが PGs では吸収胚などの増加がみられる。また浮腫、骨変形などもみられた。

Drugs	Concent-ration	Mortality				Malformation							
		Number of cases	Number of death	Mortality (%)	Hatch (%)	Drugs	Nu. of cases	Contr-acture	Hydrop-s	Edema	Malf of beak	Event-ration	Other
	—	98	16	16	54/74		90	2					
Aq		398	110	28	26/34	Aq	146	3				1	
Oxyt	0.5 IU	165	54	33	12/32	Oxyt	155	2		4	1		ocellus 1
PGF$_2\alpha$	10 μg	129	36	28	34/64	PGF$_2\alpha$	421	8	3	1	2		
	50 μg	176	74	42	—								
	100 μg	278	163	59	—								
PGE$_1$	100 μg	102	36	36	—	PGE$_1$	102	2	1				
PGE$_2$	100 μg	113	66	58	—	PGE$_2$	98	3			1		hema-toma 1

表 2　薬物投与時期による死亡率の相違

オキシトシン（合成、抽出）の鶏胚子発生への影響[2]

　鶏胚子の死亡率は Aq 卵と Atonin, Atonin-O, Syntocin 注射卵との間に有意の差がない

第 1 表　鶏胎仔死亡率

	孵卵 9 日目		孵卵 12 日目		孵卵 15 日目		孵卵 18 日目		Total	
	死亡例	死亡率 (%)	死亡例	死亡率 (%)	死亡例	死亡率 (%)	死亡例	死亡率 (%)	全死亡例	全死亡率 (%)
Aq 卵	1/39	2.5	2/33	6.0	2/26	7.5	3/19	16.7	8/39	20.5
A05 卵	3/37	8.1	1/29	3.4	3/23	13.0	3/15	20.0	10/37	27.0
A1 卵	3/38	7.9	0/30	0	3/25	12.0	5/17	29.4	11/38	28.9
A-O05卵	4/40	10.0	0/31	0	3/26	11.5	5/18	27.7	12/40	30.0
A-O1卵	5/39	12.8	2/29	6.8	1/22	4.5	1/16	6.2	9/39	23.0

1)　寺木良巳、南雲今朝雄：Prostaglandins ならびに Oxytocin の鶏胎仔におよぼす影響について　聖マリアンナ医大誌；3：26-33,。1975.

2)　河村潤之輔：昭和医学会雑誌；22：18-28,1962.

4．胎児中毒物質探索の経緯（年代順）

1．妊娠中毒症（研究・論文）

1. Douglas .B.(1972) .:Experimental approaches to toxemia　of pregancy (progesterone, pituitary hormone,MAO, 5-hydroxytryptamine,adrenal cortical activity).　＊5－HT を提示

2. .Teraki Y.:(1974). Experimental approaches to the placental dysfunction　caused by serotonin and prosutaglandins. 6th asian congress of Obstetrics and Gynaecology Kuala Lumpur Malaysia 1974　＊5-HT と PG の高血圧を報告

3. 杉山陽一：”妊娠中毒症の原因については、古くより多数の研究発表が為されて居るが、未だにこの疾患の本態に関して葉十分に解明されておらず、今日でもなお不明の点が多い”小産科書（1972～1982 年版）金芳堂。＊原因不明との著文

4. 日本母性保護産婦人科医会。：妊娠中毒症病態。血管攣縮（カテコールアミン、NO, エンドセリン、セロトニン、PG系、アンジオテンシンⅡ）研修ノート No.64 2001 年 3 月　日産婦医会　＊始めて産婦医会で 5-HT, PG の関与を認む。

2．薬理学教科書
1）平滑筋収縮物質

平滑筋収縮	
2）血　管	アドレナリン α 受容体作動薬，ドパミン，アンギオテンシンⅡ，ヒスタミン（肺動静脈，大動脈，中大脳動脈），エンドセリン，プロスタグランジン G₂, H₂, エルゴタミン
4）消化器	コリン作動薬，ヒスタミン，セロトニン，血漿キニン類，サブスタンス P, K, ボンベシン，プロスタグランジン E₁, E₂（縦走筋），F₂α
5）子　宮	プロスタグランジン E（妊娠子宮），F, オキシトシン，麦角アルカロイド

特に血管平滑筋には、PG,5-HT などにより、血管収縮、血圧上昇がみられる。子宮平滑筋は強い子宮収縮と同時に、胎盤の血管平滑筋も収縮し、子宮胎盤の血流減少がみられる[1] PG は大量で血圧上昇がある。

（藤原。他.医科薬理学 1991 年南山堂）

2）オータコイド

オータコイド autacoids とは、生体内で、生理的ないし病的な条件下で生成され、主として生成部位周辺で放出される。微量で著明な生理作用を示す。生体内の種々の臓器に対して局所で作用し、その周辺で分解される場合いが多いため局所ホルモンとも呼ばれる。

セロトニン、ヒスタミン、血漿キニン、アンジオテンシンⅡ、、プロスタグランジン、ニューロペプタイド B, ニューロキキニン B, エンドセリンなどがある。

3．ニコチン

ニコチン：ニコチンはアドレナリン様作用がある。交感神経系を活性化させる。
その交感神経系の刺激により、種々の血管作動物質が放出され血管攣縮の一因となる。

1）寺木良巳。5-HT による胎児致死作用の機序とその拮抗剤の影響について（動物実験）
日産婦誌 20 巻 12 号、1639－1645、1968 年 3 月
2). Teraki ,Y. Miyasaka .M.Horisaka.:Effects of prostaglandin,5-hydroxytryptamine　and polyprptide on circulation and uterine contraction in rodents.Japanese Jounal of Pharmacology Suppl.23:119.1973.

あとがき

　たまごを科学することにより、様々なことが知られた。自然に発生し、新しい生命を生み出すのに環境は驚くほど緻密にデザインされている。胚葉の分化の過程において、正常な呼吸にあれば、ステージは時間とともに正常な胚体形成に辿り着く。そのステージに薬物を負荷することにより異常な状態を引き起こすことが、薬理の手法である。これにより、抑制が起これば何故、抑制されたかを考えることができる。この様なことから、奇形発生の仕組みを鶏卵を用いて検討した。

　奇形発生に最も影響のある時期は、孵卵のステージ8から18まで、孵卵2日から3.5日までであることが知られた。この時期におけるアノキシア anoxia が、胚葉の分化過程において重要な影響をおよぼす。例えばニコチンの様に血管収縮物質は勿論、プロスタグランジン、セロトニンの他、一部生理活性ペプチドなどのオータコイド autacoids などの交感神経に刺激を与えるものに奇形が多発する傾向が見られた。奇形は神経系、筋系、骨格系、内臓系など何れも三胚葉より分化するものにみられる。奇形の種類は薬物に特有のものでなく、浮腫はニコチン、セロトニン、プロスタグランジンなどでも起こる。ニコチンはナス科のたばこに含まれる毒性の強いアルカロイドであるが、セロトニンなどのオータコイドは生体内で、生理的いし病的な条件下で生成されるもので、いわゆる薬物ではない。オータコイドは、主として生成部位周辺で放出される。微量で著明な生理作用を示す。例えばセロトニンは脳腸ホルモンとも呼ばれ、脳や腸に高濃度に貯蔵されており生理的に重要な役割を演じている。食物として摂取されたトリプトファンがセロトニンに変換される。これらセロトニンを外から投与すると過量の場合は中毒作用が現れる、プロスタグランジンも同様である。催奇形物質となる。生体内の条件により血管内皮細胞に変化が現れ、均衡のとれていたものがアノキシアが起きた場合、血管は TXA2 トロンボキサンが出て PGI2 とのバランスが崩れ、血管は収縮し、血圧は上昇する。この様に生体は敏感に反応する。これが胚葉の分化期、器官形成期に起こると異常発生となる。これが奇形発生の一因になるのではないかと思われる。

〔本書は、著者の原論文をダイレクト製版により製作しました。〕

「著者略歴」

寺木　良巳　てらき　よしみ

1929 年　福島県に生まれる
1945 年　福島県立会津中学校卒業
1949 年　東北薬学専門学校卒業
1952 年　岩手大学学芸学部修了
1956 年　岩手医科大学医学部卒業
1956 年　新潟大学大学院医学研究科入学
1957 年　米国マ州聖ルカ病院研修医
1959 年　米国マ州聖アン病院レジデント
1967 年　医学博士、学位授与
1970 年　大森赤十字病院産科副部長
1972 年　昭和大学講師
1976 年　聖マリアンナ医大助教授
1984 年　日本歯科大学教授
1992 年　岩手医科大学客員教授
1994 年　日本解剖学会名誉会員
2012 年　日本薬理学会永年会員

日本歯科大にて

タマゴの科学 ― 奇形発生の仕組み―

2023 年 2 月 15 日発行

著　　者　　寺木良巳
発 行 者　　柳本和貴
発 行 所　　㈱考古堂書店

〒 951-8063　新潟市中央区古町通四番町 563

TEL　025-229-4058　http://www.kokodo.co.jp

印 刷 所　　㈱ウィザップ